职业教育"十三五"改革创新规划教材

照明线路安装与检修

于 瑾 赵振宇 主 编
尚 微 王 林 副主编

清华大学出版社
北 京

内 容 简 介

本书依据教育部 2014 年颁布的《中等职业学校电气技术应用专业教学标准》中"照明线路安装与检修"课程的"主要教学内容和要求",并参照相关的国家职业技能标准编写而成。

本书主要内容包括照明线路安装的基本技能,室内照明线路的安装,车间及室外照明线路的安装,照明线路的检修,小型配电箱的安装与调试。与本书配套的有电子教案、多媒体课件等教学资源,可免费获取。

本书可作为中等职业学校电气技术应用专业及相关专业学生的教材,也可作为岗位培训用书。

本书封面贴有清华大学出版社防伪标签,无标签者不得销售。
版权所有,侵权必究。举报:010-62782989,beiqinquan@tup.tsinghua.edu.cn。

图书在版编目(CIP)数据

照明线路安装与检修/于瑾,赵振宇主编. --北京:清华大学出版社,2016 (2022.8 重印)
职业教育"十三五"改革创新规划教材
ISBN 978-7-302-43537-2

Ⅰ.①照… Ⅱ.①于… ②赵… Ⅲ.①电气照明－设备安装－高等职业教育－教材 ②电气照明－设备检修－高等职业教育－教材 Ⅳ.①TM923

中国版本图书馆 CIP 数据核字(2016)第 080893 号

责任编辑:刘翰鹏
封面设计:张京京
责任校对:袁　芳
责任印制:宋　林

出版发行:清华大学出版社
　　网　　址:http://www.tup.com.cn,http://www.wqbook.com
　　地　　址:北京清华大学学研大厦 A 座　　邮　　编:100084
　　社 总 机:010-83470000　　邮　　购:010-62786544
　　投稿与读者服务:010-62776969,c-service@tup.tsinghua.edu.cn
　　质量反馈:010-62772015,zhiliang@tup.tsinghua.edu.cn
　　课件下载:http://www.tup.com.cn,010-62770175-4278
印 装 者:三河市龙大印装有限公司
经　　销:全国新华书店
开　　本:185mm×260mm　　印　张:12.75　　字　数:292 千字
版　　次:2016 年 10 月第 1 版　　印　次:2022 年 8 月第 7 次印刷
定　　价:39.00 元

产品编号:069656-02

FOREWORD 前言

  本书依据教育部2014年颁布的《中等职业学校电气技术应用专业教学标准》中"照明线路安装与检修"课程的"主要教学内容和要求",并参照相关的国家职业技能标准编写而成。通过本书的学习,可以使学生掌握必备电气照明系统的选择、设计、安装及检修等方面的操作技能。本书在编写过程中吸收企业技术人员参与,紧密结合工作岗位,与职业岗位对接;选取的案例贴近生活、贴近生产实际;将创新理念贯彻到内容选取、教材体例等方面。

  本书在编写时努力贯彻教学改革的有关精神,严格依据教学标准的要求,努力体现以下特色。

1. 理实并进,突出适用性和实践性

  本着"实用、够用"为原则,教学内容的编排以职业岗位需求和生产实际为主线,按职业能力的形成过程整合相关的基础知识和技能训练,突出教学的适用性;按理论与实践相结合的教学模式,在每一个项目中穿插与学习内容相关的技能训练和课后思考,使学生在提高实践技能的同时,进一步理解和再认识所学知识,激发学生的求知欲和主动参与技能实践的意识,突出实践性。

2. 图文并茂,突出科学性和创新性

  遵循认识过程的规律,本书内容深入浅出、循序渐进,充分利用有代表性的图片,创设学习情境,增加教学的直观性,使学生把握实践操作要领,帮助学生理解并记忆所学专业知识,体现教学的科学性;落实"做中教、做中学"的教学理念,技能训练内容的设计贴近生产实际,力求在有限的课时内最大限度地提升学生的专业技能,为学生终身职业生涯的发展搭建平台,突出创新性。

3. 教学资源有结合,突出延续性和灵活性

  本书内容与配套教学资源统筹规划,以编写团队为主创,研发电子教案、多媒体课件等丰富的教学资源;利用二维码技术,使读者通过手机等移动多媒体设备在线学习,延伸

了课程教学时间、拓展了课堂教学空间,使课程教学更具延续性和灵活性。

本书建议学时为112学时,具体学时分配见下表。

教学项目	授课内容	建议学时		小计
		理论学时	技能训练学时	
项目1	照明线路安装的基本技能	27	18	45
项目2	室内照明线路的安装	8	18	26
项目3	车间及室外照明线路的安装	4	8	12
项目4	照明线路的检修	4	4	8
项目5	小型配电箱的安装与调试	9	12	21
总计		52	60	112

本书由于瑾、赵振宇任主编,尚微、王林任副主编。项目1由于瑾编写,项目2、项目4、项目5及拓展内容由赵振宇、尚微编写,项目3由王林编写,徐欣然、吕小溪参加了本书拓展内容的部分编写工作,全书由于瑾统稿。

本书在编写过程中参考了大量的文献资料,在此向文献资料的作者致以诚挚的谢意。由于编写时间及编者水平有限,书中难免有错误和不妥之处,恳请广大读者批评、指正。要了解更多教材信息,请关注微信订阅号:Coibook。

编 者

2016年7月

CONTENTS 目录

项目 1 照明线路安装的基本技能 ·· 1

  任务 1.1 了解照明线路的基础知识 ·· 1

  任务 1.2 认识照明安装常用工具 ·· 19

  任务 1.3 认识照明安装常用材料 ·· 35

  任务 1.4 认识室内照明线路的配线方式 ·· 53

  任务 1.5 照明线路识读 ·· 70

  任务 1.6 导线的连接和封端 ·· 90

项目 2 室内照明线路的安装 ·· 104

  任务 2.1 住宅建筑照明线路的安装 ·· 104

  任务 2.2 办公照明线路的安装 ·· 110

  任务 2.3 应急照明线路的安装 ·· 116

  任务 2.4 荧光灯照明线路的安装与故障排除 ·································· 124

项目 3 车间及室外照明线路的安装 ·· 133

  任务 3.1 车间照明线路的安装 ·· 133

  任务 3.2 室外照明线路的安装 ·· 142

项目 4 照明线路的检修 ·· 149

  任务 4.1 照明线路故障的检修 ·· 149

  任务 4.2 照明设备常见故障及排除方法 ······································· 155

项目 5　小型配电箱的安装与调试 ……………………………………………………… 163

　　任务 5.1　熔断器、刀开关、断路器的安装 …………………………………… 163
　　任务 5.2　电度表的安装 ……………………………………………………… 170
　　任务 5.3　配电箱的安装 ……………………………………………………… 181
　　任务 5.4　照明配电装置的运行与维护检查 ………………………………… 191

参考文献 ……………………………………………………………………………… 197

项目 1

照明线路安装的基本技能

任务 1.1 了解照明线路的基础知识

 学习任务

（1）了解电路的组成及常用物理量。
（2）理解交流电的概念。
（3）掌握欧姆定律及其应用。
（4）掌握照明负荷、计算电流、熔断器的额定电流和自动开关脱扣电流的计算方法。
（5）掌握照明线路导线截面的估算方法。
（6）掌握电工用电安全及急救措施。
（7）能进行触电急救。

 知识链接

一、电路

1. 电路的组成

电路是电流流过的回路，也称为导电回路。最简单的电路由电源、负载（用电器）、导线和开关组成，如图 1-1 所示。

（1）电源。电源是把其他形式的能量转换成电能的装置，分为直流电源和交流电源两种。其中，直流电源是输出固定电流方向的电源，简记为 DC，如干电池、铅蓄电池；交流电源输出电流的大小和方向会随时间做规律性的变化，简记为 AC，如家用 220V 电源，工业用 380V 电源。

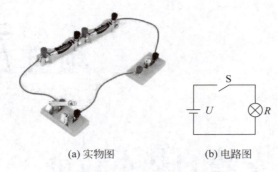

(a) 实物图　　　　(b) 电路图

图1-1　电路的组成

（2）负载。负载也称为用电器,是把电能转换为其他形式能量的装置,可分为单相负载和三相负载。单相负载是指需要单相电源供电的设备,如照明灯、电炉等；三相负载是指需要三相电源供电的负载,如三相异步电动机。

（3）导线。导线是连接电源和负载的金属线,其作用是把电源产生的电能传送给负载,常用铝、铜等材料制成。

（4）开关。开关是控制电路接通或断开的装置。

2. 电路的状态

电路的状态分为通路(闭路)、开路(断路)和短路(捷路)三种。一般情况下,短路时产生的大电流会损坏电源和导线,应尽量避免。

二、电路中常用物理量

1. 电流

电荷的定向移动形成电流,它是反映带电粒子定向运动强弱的物理量。电流的大小等于单位时间内通过导体横截面的电荷量,即

$$I = \frac{q}{t}$$

式中,I 为电流强度,单位是安培(A),简称安；q 为电荷量,单位是库仑(C),简称库；t 为时间,单位是秒(s)。常用的电流单位还有毫安(mA)、微安(μA),换算关系为

$$1\text{mA} = 10^{-3}\text{A}, \quad 1\mu\text{A} = 10^{-6}\text{A}$$

正电荷定向移动的方向为电流的方向。即在电源外部,电流的方向由电源正极流向负极。

2. 电压

电路中,电流从高电位点流向低电位点需要电位差。电压是指电路中任意两点之间的电位差,用符号 U 表示。在国际单位制中,电压的单位是伏特(V),简称伏。常用的电压单位还有毫伏(mV)、微伏(μV)和千伏(kV),换算关系为

$$1\text{mV} = 10^{-3}\text{V}, \quad 1\mu\text{V} = 10^{-6}\text{V}, \quad 1\text{kV} = 10^{3}\text{V}$$

3. 电动势

电源是电路中产生电压的根本原因,电源本身具有推动电荷移动的电源力。电源的

电动势是指在电源力的作用下,正电荷从电源负极移到正极所做的功,用符号 E 表示。

4. 电功率

电功率是指在一段时间内,电路产生或消耗的电能与时间的比值,即

$$P = \frac{W}{t}$$

式中,P 为电功率,单位是瓦特(W),简称瓦;W 为电能,单位是焦耳(J),简称焦;t 为时间,单位是秒(s)。

通常情况下,用电器上标注的电功率和电压称为额定功率和额定电压。

三、欧姆定律

1. 部分电路欧姆定律

在导体两端加上电压后,导体中会有持续的电流。实验证明,导体中的电流与它两端的电压成正比,与它的电阻成反比,这就是部分电路欧姆定律。它是电路分析和计算的基础。

如图 1-2 所示,U 为加在 A、B 两点间的电压,I 为通过导体的电流,R 为导体的电阻,它们之间的关系用部分电路欧姆定律可表示为

$$I = \frac{U}{R}$$

式中,U、I、R 的单位分别为 V(伏)、A(安)和 Ω(欧)。

2. 闭合电路欧姆定律

如图 1-3 所示的简单闭合电路中,电源内阻为 r_0。开关闭合时,根据部分电路欧姆定律,外电路负载电阻上的电压 $U=IR$,内电路电源内阻的电压为 $U_0=Ir_0$,则电源电动势 E 等于负载电阻上的电压与内电阻上的电压之和,即:

$$E = U + U_0 = IR + Ir_0$$

或

$$I = \frac{E}{R + r_0}$$

上式表明:闭合电路内的电流,跟电源的电动势成正比,跟整个电路的电阻成反比,这就是闭合电路的欧姆定律。

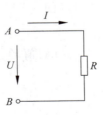

图 1-2　电路图

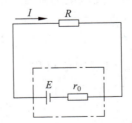

图 1-3　简单闭合电路

四、交流电

1. 基本概念

电流的大小和方向随时间作周期性变化,且在一周期内的平均值为零的电压、电流和电动势统称为交流电。正弦交流电是随时间按正弦规律变化的交流电,其瞬时值表达式为

$$i = I_m \sin(\omega t + \varphi_0) \quad u = U_m \sin(\omega t + \varphi_0)$$

波形如图 1-4 所示。

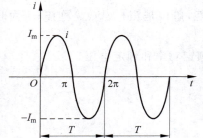

图 1-4 正弦交流电波形

2. 交流电的物理量

（1）周期。周期是指交流电变化一个完整的循环所需要的时间,用符号 T 表示,单位为秒(s)。

（2）频率。单位时间内完成的周期数称为频率,用符号 f 表示,单位为赫兹(Hz)。常用的频率单位还有千赫(kHz)和兆赫(MHz),换算关系为

$$1\text{kHz} = 10^3 \text{Hz}, \quad 1\text{MHz} = 10^6 \text{Hz}$$

周期和频率互为倒数关系,即

$$f = \frac{1}{T}$$

在我国电力网供电系统中,交流电的标准频率为 50Hz,习惯上称为工频,周期为 0.02s;日本、美国等国家的电力网采用的工频为 60Hz。

（3）角频率。单位时间内变化的角度(以弧度为单位)称为角频率,用符号 ω 表示,单位为弧度/秒(rad/s)。角频率、周期和频率的关系为

$$\omega = \frac{2\pi}{T} = 2\pi f$$

（4）瞬时值。交流电变化的每一个瞬间所对应的电流、电压和电动势的值称为瞬时值,用小写英文字母表示,如 u、i 等。

（5）最大值。在一个周期内,交流电瞬时值中最大的数值称为交流电的最大值或幅值,用大写英文字母加下标 m 表示,如 U_m、I_m 等。

（6）有效值。交流电的有效值定义为:通过交流电的电阻,如果在一个周期内产生的热量与一个直流电在相同时间内通过同一电阻产生的热量相同,那么该交流电流的有效值就是这一直流电的数值,用大写英文字母表示,如 U、I 等。

正弦交流电的有效值也称为方均根值,即最大值等于其有效值的 $\sqrt{2}$ 倍,关系表达如下:

$$I = \frac{I_m}{\sqrt{2}} = 0.707 I_m$$

$$E = \frac{E_m}{\sqrt{2}} = 0.707 E_m$$

$$U = \frac{U_m}{\sqrt{2}} = 0.707 U_m$$

在实际工程中,无特殊说明的交流电压和电流,均指交流电的有效值。如交流电气设备上所标的额定电压和额定电流,电工仪表所指示或显示的数值等都是有效值。

(7) 相位。由正弦交流电压或电流的瞬时值表达式可知,交流电的瞬时值由 $\omega t + \varphi_0$ 来确定,这个相当于角度的量 $\omega t + \varphi_0$ 称为交流电的相位,它是确定交流电大小和方向的重要因素。φ_0 是 $t=0$ 时的相位,称为初相位,简称初相。相位和初相的单位都是弧度(rad)。

(8) 相位差。两个频率相同的交流电的相位之差称为它们的相位差,用符号 φ 表示,即

$$\varphi = (\omega t + \varphi_{01}) - (\omega t + \varphi_{02}) = \varphi_{01} - \varphi_{02}$$

相位差不随时间而变化,单位为弧度(rad)。

五、照明线路基础

1. 照明负荷计算

照明系统施工前,导线截面及各种开关元件的选择,应以照明设备的计算负荷为依据。照明负荷应根据负荷系数进行计算,公式为:

$$P_C = K_n P_e$$

式中,P_C 为计算负荷,单位为瓦特(W);P_e 为照明设备安装容量(含光源和镇流器消耗的功率),单位为瓦特(W);K_n 为负荷系数,不同建筑照明负荷系数见表1-1。

表 1-1 建筑的照明负荷系数

建筑类别	K_n	建筑类别	K_n
生产厂房(有天然采光)	0.8~0.9	宿舍区	0.6~0.8
生产厂房(无天然采光)	0.9~1	医院	0.5
办公楼	0.7~0.8	食堂	0.9~0.95
设计室	0.9~0.95	商店	0.9
科研楼	0.8~0.9	学校	0.6~0.7
仓库	0.5~0.7	展览馆	0.7~0.8
锅炉房	0.9	旅馆	0.6~0.7

2. 照明系统供电线路电流计算

在使用一种光源的情况下,照明供电线路电流计算公式如下:

$$I_C = \frac{P_C}{\sqrt{3} U_L \cos\varphi} \quad (三相电路电流)$$

$$I_C = \frac{P'_C}{U_P \cos\varphi} \quad (单相电路电流)$$

式中,I_C 为计算电流,单位为安培(A);U_L 为额定线电压,单位为千伏(kV);U_P 为额定

相电压,单位为千伏(kV);cosφ 为光源的功率因数,不同照明设备的功率因数见表1-2;P_C、P_C' 分别为三相电路和单相电路的计算负荷,单位为瓦特(W)。

表1-2 照明用电设备功率因数

设备类别	cosφ	设备类别	cosφ
白炽灯	1	管型氙灯	0.4～0.9
卤钨灯	1	低压钠灯	0.6
荧光灯	0.32～0.7	高压钠灯	0.44
荧光高压灯	0.44～0.67	金属卤化物灯	0.4～0.61

3. 照明系统对电压的要求

根据使用性质和重要程度,照明负荷可分为三个等级,其中,一、二级负荷应有两个独立电源供电,以确保供电的可靠性;三级负荷由单电源供电即可。通常情况下,只有在额定电压下,照明器件才能产生最佳使用效果,照明系统的额定电压应满足以下要求。

(1) 正常情况下,我国照明电压采用交流220V,少数情况使用380V。

(2) 容易触及又无防止触电措施的照明器,安装高度应距离地面2.4m以上,使用电压不超过36V。

(3) 移动照明、手提行灯的使用电压为36V或12V。

(4) 电缆隧道及其他地下坑道照明设备等的使用电压一般为36V。

(5) 根据容量大小、电源条件和使用要求等不同因素,蓄电池供电应采用220V、36V、24V 或 12V。

4. 照明保护装置的选择

作为照明线路保护装置的熔断器和具有过载长延时、短路瞬时保护特性的自动空气断路器(自动开关),选用要求如下。

1) 熔断器

(1) 熔断器额定电压必须大于或等于其安装回路的额定电压。

(2) 熔体的额定电流 I_{CR} 必须大于回路的计算电流 I_C,且躲过电光源的启动电流,即电光源的启动电流以不引起保护设备动作为宜,即

$$I_{CR} \geqslant K_m I_C$$

式中,K_m 为照明线路熔体计算系数,取决于电光源启动状况和熔断器特性,取值范围见表1-3。

表1-3 照明线路熔体计算系数 K_m

熔断器型号	熔体材料	熔体额定电流/A	K_m 白炽灯、荧光灯、卤钨灯、金属卤化物灯	K_m 高压汞灯	K_m 高压钠灯
RL1	铜、银	≤60	1	1.3～1.7	1.5
RC1A	铅、铜	≤60	1	1～1.5	1.1

(3) 熔断器的开断电流 I_{CO} 应大于其所经受的回路冲击短路电流有效值 I_{Ch}。

2) 自动开关

(1) 自动开关的额定电压必须大于或等于其安装回路的额定线电压,即 $U_e > U_l$。

(2) 自动开关的额定电流应大于并接近被保护线路的计算电流,即 $I_e > I_C$。

(3) 自动开关脱扣器的额定电流大于等于线路计算电流,即 $I_{ed} \geqslant I_C$。

(4) 自动开关脱扣器整定电流计算公式为

$$I_{dz1} \geqslant K_{k1} I_C \quad 或 \quad I_{dz2} \geqslant K_{k2} I_C$$

式中,I_{dz1}、I_{dz2} 为长延时和瞬时脱扣器整定电流(A);I_C 为计算电流(A);K_{k1}、K_{k2} 为长延时和瞬时脱扣器计算系数,取决于电光源启动状况和自动开关特性,取值范围见表1-4。

表1-4 照明线路中自动开关脱扣器计算系数

自动开关	计算系数	白炽灯、荧光灯、卤钨灯	高压汞灯	高压钠灯
带热脱扣器	K_{k1}	1	1.1	1
带复式脱扣器	K_{k2}	1	1	1

5. 照明线路中导线和电缆的选择

按结构特点,导线分为裸导线、绝缘电线和电缆。裸导线是只有导电线芯的导线;绝缘电线用铜或铝作导电线芯,外层敷以绝缘材料,常用绝缘电线的品种、型号、工作温度及用途见表1-5。电缆是在绝缘电线外面加保护层的导线,常用电缆型号见表1-6。

表1-5 常用绝缘电线的品种、型号、工作温度及用途

名　称	型　号		长期最高工作温度/℃	用　途
	铜芯	铝芯		
橡皮绝缘电线	BX	BLX	65	固定敷设于室内(明敷、暗敷或穿管),可用于室外,也可作设备内部安装用线
氯丁橡皮绝缘电线	BXF	BLXF	65	同BX型,耐气候性好,适用于室外
橡皮绝缘软线	BXR		65	同BX型,仅用于安装时要求柔软的场合
聚氯乙烯绝缘电线	BV	BLV	65	同BX型,且耐湿性和耐气候性较好
聚氯乙烯绝缘护套圆形电线	BVV	BLVV	65	同BX型,用于潮湿的机械防护要求较高的场合,可明敷、暗敷或直接埋入土壤中
聚氯乙烯绝缘护套圆形软线	RVV		65	同BV型,用于潮湿和机械防护要求较高以及经常移动、弯曲的场合
丁腈聚氯乙烯复合物绝缘软线	RFB RFS		70	同RVB型、RVS型,且低温柔软性较好

续表

名 称	型 号		长期最高工作温度/℃	用 途
	铜芯	铝芯		
棉纱编织橡皮绝缘双绞软线,棉纱纺织橡皮绝缘软线	RXS RX		65	室内日用电器,照明电源线
中型橡套电缆	YZ			各种移动电气设备和农用机械电源线
	YZW			各种移动电气设备和农用机械电源线,且具有耐气候和一定的耐油性能

表1-6 常用电缆型号

电缆名称	电缆型号
全型电缆	VLV、VV
交联聚乙烯绝缘,聚乙烯护套铝、铜芯电力电缆	YJLV、YJV
橡皮绝缘,聚乙烯护套铝、铜芯电力电缆	XLV、XV
油浸纸绝缘,铅包铝、铜芯电力电缆	ZLQ、ZQ、ZLL、ZL

不同施工场所,对绝缘电线线芯截面积的要求也不同。常见绝缘电线线芯的最小截面积见表1-7。

表1-7 常见绝缘电线线芯的最小截面积

用 途		线芯的最小截面积/mm²		
		铜芯软线	铜线	铝线
照明用灯头引下线	民用建筑屋内	0.4	0.5	1.5
	工业建筑屋内	0.5	0.8	2.5
	工业建筑屋外	1.0	1.0	2.5
移动式用电设备	生活用	0.2		
	生产用	1.0		
架设在绝缘支持件上的绝缘导线,其间距为	1m 以下屋内		1.0	1.5
	1m 以下屋外		1.5	2.5
	2m 以下屋内		1.0	2.5
	2m 以下屋外		1.5	2.5
	6m 及以下		2.5	4.0
	12m 及以下		2.5	6.5
	穿管敷设的绝缘导线	1.0	1.0	2.5

注:吊链或吊管的屋内照明灯具,灯头引下线为铜芯软线时,可适当减小截面。

按绝缘材料划分,照明用绝缘电线分为塑料绝缘式和橡皮绝缘式两种,它们的穿管载流量(A)见表1-8。

表1-8 塑料绝缘式导线和橡皮绝缘式导线的穿管载流量

导线工作温度:65℃,环境温度:25℃,单位:A

导线截面积/mm²	二铜芯				二铝芯				三铜芯				三铝芯				四铜芯				四铝芯			
	铁管		塑料管		铁管		塑料管		铁管		塑料管		铁管		塑料管		铁管		塑料管		铁管		塑料管	
	X	V	X	V	X	V	X	V	X	V	X	V	X	V	X	V	X	V	X	V	X	V	X	V
1	15	14	13	12	—	—	—	—	14	13	12	11	—	—	—	—	12	11	11	10	—	—	—	—
1.5	20	19	17	16	15	15	14	13	16	17	16	15	14	13	12	11.5	17	16	14	13	12	11	11	10
2.5	28	26	25	24	21	20	19	18	25	24	22	21	19	18	17	16	23	22	20	19	16	15	15	14
4	37	35	33	31	28	27	25	24	33	31	30	28	25	24	23	22	30	28	26	25	23	22	20	19
6	49	47	43	41	37	35	32	31	43	41	38	30	34	32	29	27	39	37	34	32	30	28	26	25
10	68	65	59	56	52	49	44	42	60	57	52	49	46	44	40	38	53	50	46	44	50	38	35	33
16	88	82	76	72	66	63	58	55	77	73	68	65	59	56	52	49	69	65	60	57	52	50	46	44
25	113	107	100	95	86	80	77	73	100	95	90	85	76	70	68	65	90	85	80	75	68	65	60	57
35	140	133	125	120	106	100	95	90	122	115	110	100	94	90	84	80	110	105	98	93	83	80	74	70
50	175	165	160	150	133	125	120	114	154	146	140	132	118	110	103	102	137	130	123	117	105	100	95	90
70	215	205	195	185	165	155	153	145	190	183	175	167	150	143	135	130	173	165	155	148	132	127	120	115
95	260	252	240	230	200	190	184	175	235	225	215	205	180	170	165	158	210	200	195	185	160	152	150	140
120	300	290	276	270	230	220	210	200	270	260	250	240	210	195	190	180	245	230	227	215	190	172	170	160
150	340	330	320	305	260	250	250	230	310	300	260	275	240	225	227	207	180	265	265	250	220	200	205	185
185	385	380	360	355	295	285	282	265	355	340	330	310	270	255	252	335	320	300	300	280	250	230	237	215

注:X为橡皮线;V为塑料线。

安全电流是衡量导线性能的重要指标,它指在不超过最高工作温度的条件下允许长期通过的最大电流值,又称允许载流量。常见的聚氯乙烯绝缘软线和护套电线在空气中敷设时的载流量(A)见表1-9。

表1-9 聚氯乙烯绝缘软线和护套电线空气敷设载流量

导线工作温度:65℃,环境温度:25℃,适用电线型号:RV、RVV、RVB、RVS、BFB、RFS、BVV、BLVV,单位:A

导线截面积/mm²	一 芯		二 芯		三 芯	
	铜	铝	铜	铝	铜	铝
0.12	5	—	4	—	3	—
0.2	7	—	5.5	—	4	—
0.3	9	—	7	—	5	—
0.4	11	—	8.5	—	6	—
0.5	12.5	—	9.5	—	7	—
0.75	16	—	12.5	—	9	—

续表

导线截面积 /mm²	一 芯		二 芯		三 芯	
	铜	铝	铜	铝	铜	铝
1	19	—	15	—	11	—
1.5	24	—	19	—	14	—
2	28	—	22	—	17	—
2.5	32	25	26	20	20	16
4	42	34	36	26	26	22
6	55	43	47	33	32	25
10	75	59	65	51	52	40

导线载流量是选择导线的主要依据。由于导线载流量与其截面积、线芯材料、型号、敷设方法及环境温度等多种因素有关,计算较复杂。施工过程中,既可以根据导线的截面积从手册中查找其载流量,也可以利用口诀直接估算。常用导线标准截面积(mm²)为1、1.5、2.5、4、6、10、16、25、35、50、70、95、120、150、185 等。导线载流量的估算口诀见表 1-10。

表 1-10 导线载流量估算口诀

	口 诀	说 明
铝芯绝缘线	10 下五,100 上二	10mm² 以下的导线,载流量为截面积的 5 倍;100mm² 以上的导线,载流量为截面积的 2 倍
	25、35,四、三界	16mm² 和 25mm² 的导线,载流量为截面积的 4 倍;35mm² 和 50mm² 的导线,载流量为截面积的 3 倍
	70、95,两倍半	70mm² 和 95mm² 的导线,载流量为截面积的 2.5 倍
	穿管、温度,八、九折	穿管导线的载流量打八折;环境温度过高导线的载流量打九折;环境温度过高的穿管导线的载流量打七折
	裸线加一半	裸导线载流量是绝缘导线的 1.5 倍
	铜线升级算	先将铜芯绝缘导线的截面按其排列顺序提升一级(粗一号),再估算与提升值截面相同的铝芯绝缘导线的载流量,该估算值即为铜芯绝缘导线的载流量

以铝芯绝缘线为例,环境温度不大于 25℃时,截面为 6mm²、70mm² 和 150mm² 的导线,估算载流量时对应的倍数分别为 5 倍、2.5 倍和 2 倍。由此可见,倍数随截面的增大而减小。通常情况下,倍数转变的分界处误差稍大些,例如截面 25mm² 与 35mm² 是四倍与三倍的分界处,25 属四倍的范围,按口诀估算载流量为 100A,但按手册为 97A;35 属三倍的范围,按口诀估算为 105A,但查表为 117A。这就要求在选择导线截面时,25mm² 的导线不让它的载流量超过 100A,35mm² 的导线载流量可略微超过 105A。同样,2.5mm² 导线的截面排序在五倍的中间位置,而其实际载流量不只是口诀的五倍(最大可达到 20A 以上),考虑到降低导线内电能损耗等因素,电流不能过大,手册中一般只标 12A。

温度的变化对导线载流量的影响不是很大,只有在高温车间或较热地区,才考虑载流量的打折问题。以铝芯绝缘线为例,截面为 10mm² 时,穿管时的载流量为 10×5×0.8＝40(A);高温时的载流量为 10×5×0.9＝45(A);高温穿管时的载流量为 10×5×0.7＝35A。

裸导线载流量是绝缘导线的 1.5 倍。以裸铝线载流量的估算为例,截面为 16mm² 时,载流量为 16×4×1.5＝96(A);若在高温下,其载流量为 16×4×1.5×0.9＝86.4(A)。

相同条件不同线芯材料的绝缘导线,其载流量不同。环境温度为 25℃ 时,截面为 35mm² 铝芯绝缘导线,载流量为 35×3＝105(A);截面为 35mm² 铜芯绝缘导线,按铜线升级的原则,其载流量与截面为 50mm² 的铝芯绝缘导线载流量估算值相同,即该铜芯绝缘导线的载流量为 50×3＝150(A)。

在三相四线制供电系统中,选择导线应注意:零线截面通常为相线截面的 $\frac{1}{2}$ 左右,且不得小于机械强度所要求允许的最小截面。单相电路中,通过零线和相线的电流相同,应选用零线截面与相线截面相同的导线。

六、用电安全及急救

安全用电包括供电系统、用电设备及人身安全三个方面。触电是人体触及带电体并形成电流通路所造成的人体伤害,引起触电的主要原因是不遵守电气操作规程、电气设备安装不合格以及不规范用电。

1. 电流对人体的伤害

1) 电流大小

通过人体的电流越大,致命的危险性也越大。工频电流对人体的伤害见表 1-11。

表 1-11 工频电流对人体的伤害

电流范围/mA	通电时间	人体生理反应
0～0.5	持续通电	没有感觉
0.5～5	持续通电	手指、手腕等处有痛感,没有痉挛,可以摆脱带电体
5～30	数分钟以内	痉挛,不能摆脱带电体,呼吸困难,血压升高,是可以忍受的极限
30～50	数秒到数分钟	心脏跳动不规则,昏迷,血压升高,强烈痉挛,时间过长即可引起心室颤动
50 到数百	短于心脏搏动周期	受强烈冲击,但未发生心室颤动
	长于心脏搏动周期	昏迷,心室颤动,接触部位留有电流通过的痕迹
超过数百	短于心脏搏动周期	发生心室颤动,昏迷,接触部位留有电流通过的痕迹
	长于心脏搏动周期	心脏跳动停止,昏迷,可能致命

一般来讲,<u>不会对人体造成伤害的电流称为感知电流</u>,随着电流的增大,人体的感觉也会增加,反应加大;<u>人体能够承受的最大电流称为摆脱电流</u>,但不会对人体造成不良后果。通过人体电流大小与人体伤害程度的关系见表 1-12。

表 1-12　通过人体电流大小与人体伤害程度的关系

名　称	定　义	电流类型	对成年男性	对成年女性
感知电流/mA	使人体有感觉的最小电流	工频	1.1	0.7
		直流	5.2	3.5
摆脱电流/mA	人体触电后能自主地摆脱电源的最大电流	工频	16	10.5
		直流	76	51
致命电流/mA	在较短时间内危及生命的最小电流	工频	30～50	
		直流	1300(0.3s)、50(3s)	

2）人体电阻

人体触电时，流过人体的电流与人体电阻有关，人体电阻越小，通过人体的电流越大，越危险。通常情况下，人体电阻因人而异，同时也会随着条件的不同而发生很大的变化。接触电阻升高，人体电阻会下降。不同条件下的人体电阻见表 1-13。

表 1-13　不同条件下的人体电阻

接触电压/V	人体电阻/Ω			
	皮肤干燥①	皮肤潮湿②	皮肤湿润③	皮肤浸入水中④
10	7000	3500	1200	600
25	5000	2500	1000	500
50	4000	2000	875	440
100	3000	1500	770	375
250	1500	1000	650	325

注：①干燥场所的皮肤，电流途径为单手至双脚；②潮湿场所的皮肤，电流途径为单手至双脚；③有水蒸气，特别是潮湿场所的皮肤，电流途径为双手至双脚；④游泳池或浴池中的情况，基本为体内电阻。

3）通电时间长短

电流对人体的伤害与电流作用的时间长短有直接的联系，通电时间越长，流过人体的电流越大，对人体的伤害越严重。通过人体的允许电流与持续时间的关系见表 1-14。

表 1-14　通过人体的允许电流与持续时间的关系

允许电流/mA	50	100	200	500	1000
持续时间/s	5.4	1.35	0.35	0.054	0.0135

4）电流频率

电流频率不同，对人体的伤害也不同。50～60Hz 的工频交流电对人体的伤害最严重；小于或大于 50～60Hz 的电流，危险性降低。直流或高频情况下，人体能承受较大的电流值。

5）电压高低

人体电阻一定时，接触的电压越高，通过人体的电流越大，人体受到的伤害就越大。当人体接近高压时，感应电流的影响也会对人体有伤害。

6）电流途径和人体状况

电流通过人体的途径不同，对人体的伤害程度也不同，以对心脏的伤害最为严重。较危险的电流途径是从手到手；危险性较小的电流途径是从脚到脚。人体本身的状况与触电对人体的伤害程度也有密切的关系。

2. 触电方式

人体触电的基本方式有单相触电、两相触电、接触电压触电和跨步电压触电。人体的不同触电方式见表 1-15。

表 1-15　人体触电方式

触电方式	触电原理	示意图
单相触电	单相触电是人体的某一部位接触带电设备的一相，而另一部位与大地或零线接触引起的触电。此时，人体承受的是三相电源的相电压，且回路中只有人体电阻，即电流从带电体流经人体与大地（或中性线）形成回路（触电者穿绝缘靴或站在绝缘台上，也不能起到保护作用），是最危险的一种触电方式	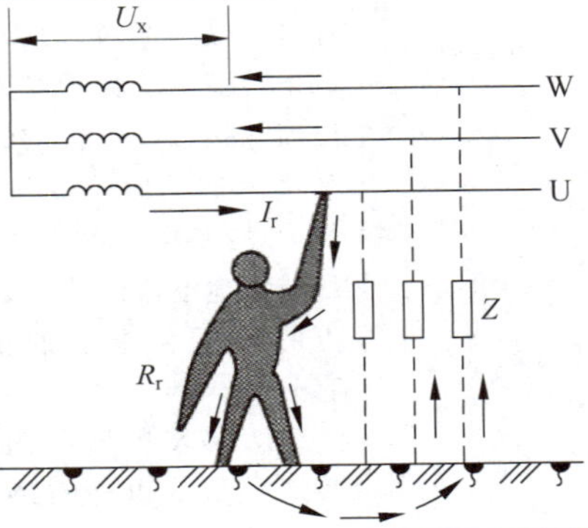
两相触电	两相触电是指人体的不同部位同时接触两相带电体而引起的触电，人体承受的是三相电源的线电压，即无论中性点是否接地，电流都直接以人体为回路，触电电流远大于人体所能承受的极限电流值	
接触电压触电	接触电压触电是指人站在发生接地短路的故障设备旁边时，触及漏电设备外壳时，手脚之间承受的电压。接触电压 U_j 的大小与人体站立的位置有关，人体与接地体越近，接触电压越小，反之越大。距离接地体 20m 处，接触电压达到最大；在接地体附近时，接触电压约为零	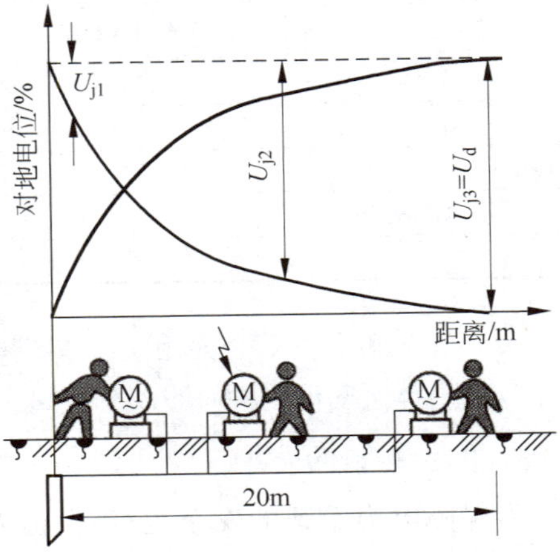

续表

触电方式	触电原理	示意图
跨步电压触电	高压电网接地点、防雷接地点、高压相线断路或外壳接地的电气设备绝缘损坏使外壳带电时,电流流入大地并向四周扩散。在接地点周围的土壤中产生电压降,接地点产生很高的电位,距接地点越近,电位越高。此时,地面上相距 0.8m 的两处间的电位差称为跨步电压。人体进入这个区域,两脚踩在不同的电位点上就会承受跨步电压。电流从接触高电位的脚流入,并从接触的低电位点流出。步距越大,跨步电压越大。即跨步电压与接地电流的大小、人距接地点的远近和土壤的电阻率等有关。 最大跨步电压可达 160V,距接地点 20m 以外的跨步电压接近于零	

3. 直接触电的防护

(1)安全电压。安全电压与用电环境、用电设备种类、操作方式等很多因素有关。即使在安全电压下,也不允许随意或故意触摸带电体。安全电压的标准值见表 1-16。

表 1-16 安全电压标准值

安全电压(交流有效值)/V		应 用 场 所
额定值	空载上限值	
42	60	有触电危险的场所使用的手持式电动工具等
36	43	矿井、多导电粉尘等场所使用的行灯
24	29	某些具有人体可能偶然触及的带电体的设备
12	15	特别潮湿的场所或金属容器内
6	8	人体大部分浸入水中

(2)安全间距。安全间距是指在带电体与地面之间,带电体与其他设施、设备之间,带电体与带电体之间保持的一定安全距离。电气工作人员与带电设备间的安全间距见表 1-17。

4. 间接触电的防护

为保障电力系统的安全运行,保证人身安全和设备的正常运行,供电系统和用电设备应采取不同种类的接地或接零措施。常用的保护接地保护接零方法见表 1-18。

表 1-17　电气工作人员与带电设备间的安全间距

设备额定电压/kV	10 及以下	20～35	44	60	110	220	330
设备不停电时的安全间距/mm	700	1000	1200	1500	1500	3000	4000
工作时,人的正常活动范围与带电设备的安全间距/mm	350	600	900	1500	1500	3000	4000
带电作业时,人与带电体之间的安全间距/mm	400	600	600	700	1000	1800	2600

表 1-18　常用的保护接地与保护接零

方式	保护原理	示意图
保护接地	电气设备的金属外壳与埋入地下并直接与大地接触的接地体可靠连接,称为保护接地。常以电阻不超过 4Ω 的钢管或角钢等作为接地体。保护接地适用于中性点不接地的供电系统。右图中,人体触及漏电的电动机外壳时,人体电阻与接地电阻并联。由于人体电阻远大于接地电阻,漏电电流主要通过接地电阻流入大地,使流过人体的电流很小,避免了触电的危险	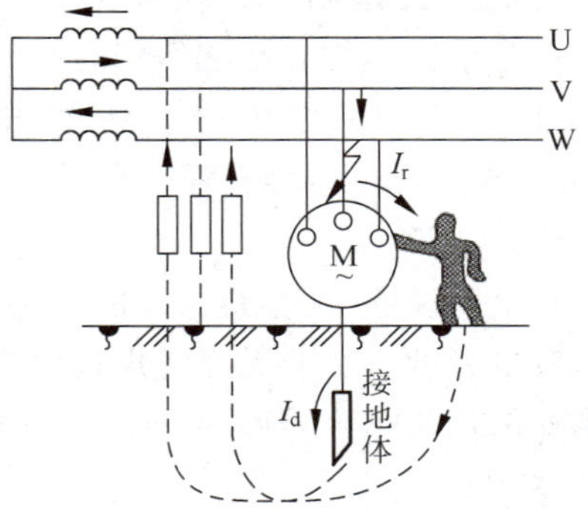
保护接零	保护接零是在电源中性点直接接地的三相四线制低压供电系统中,将电气的外壳与零线连接,从而保证电气设备可靠地工作。右图中,当设备的某相漏电时,保护接零会通过设备外壳形成该相短路,使该相熔断器熔断,切断电源,防止发生触电事故。保护接零的保护作用优于保护接地。 采用保护接零时,应注意零线不能断开,否则保护失效造成严重事故;连接零线的导线连接应牢固可靠、接触良好;保护零线与工作零线要分开,不允许接在用电器上的零线直接与设备外壳相连;同一低压供电系统,不允许保护接地和保护接零同时存在	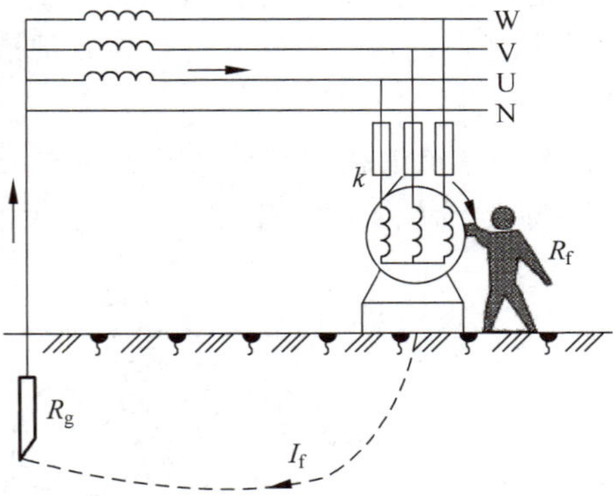
重复接地	保护接零系统的零线断开且设备绝缘损坏时,用电外壳会带电,引发触电事故。因此,除将电源中性点接地外,将零线每隔一定距离再接地的方式称为重复接地。重复接地电阻应不超过 10Ω	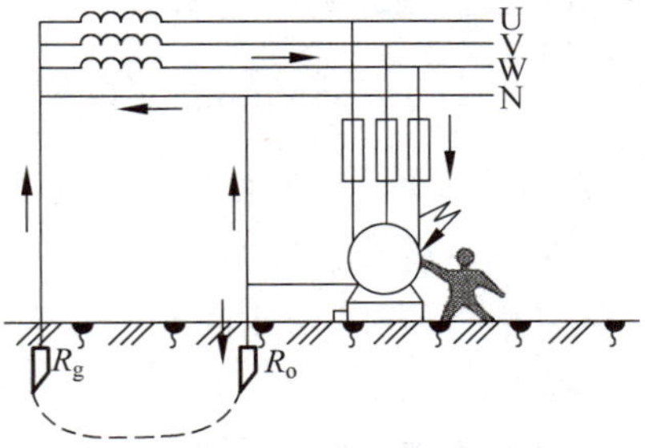

5. 触电急救

1）触电急救的原则

（1）使触电者迅速脱离电源，即将触电者接触的那一部分带电设备的电源开关或插头断开，或者设法将触电者与带电设备脱离。

（2）对已停止呼吸或心跳的触电者，应立即就地正确使用心肺复苏法（人工呼吸和胸外按压）进行抢救，同时与医疗部门联系。

（3）医务人员到来前，不能放弃现场抢救或判定死亡，只有医生有权对触电者做出诊断。

2）脱离电源后的处理

触电者脱离电源后，应采取正确的救护方法。首先应迅速拨打急救电话，请医务人员到现场救治。对神志清醒但伴有头晕、恶心、呕吐等症状的触电者，应让其静卧休息，以减轻心脏负担；对失去知觉但有呼吸和心跳的触电者，应解开其衣领和裤带，平卧在阴凉通风的地方；对出现痉挛、呼吸衰弱或心脏停搏、无呼吸等假死现象的触电者，应实施心肺复苏法。

触电伤员呼吸、心跳情况的判定方法：首先看触电者的胸部、腹部有无起伏动作，然后听触电者的口鼻有无呼气声，再用手试测口鼻处有无呼气的气流或用手指测试喉结旁凹陷处的颈动脉有无搏动，如图1-5所示。若既无呼吸，也无颈脉搏动，可判定触电者呼吸、心跳停止。

3）心肺复苏法

心肺复苏法是指伤者因各种原因（如触电）造成心跳、呼吸突然停止后，救助者采取的使其恢复心跳和呼吸的一种紧急救护措施，包括气道畅通、口对口人工呼吸和胸外心脏按压等。

（1）气道通畅。气道通畅主要采用仰头举颏法，即抢救者一手放在触电者前额，另一只手将其下颌向上抬起，使其头部向后仰，舌根随之抬起的方法，如图1-6所示。

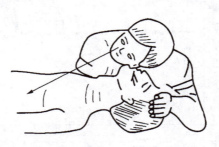

图1-5 触电伤员呼吸、心跳情况判定

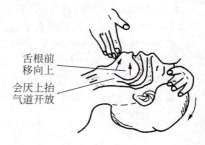

图1-6 仰头举颏法

（2）口对口人工呼吸法。让触电者仰卧，肩下可垫东西使头尽量后仰，鼻孔朝天。救护人员在触电者头部左侧或右侧，一手捏紧伤者鼻孔，一手掰开嘴巴（若嘴巴掰不开，可用口对鼻且把口捂住，防止漏气），深吸气后紧贴其嘴巴大口吹气，使其胸部膨胀，然后快速移开其头部，让触电者自行排气，如图1-7所示。儿童只能小口吹气，以胸廓上抬为准。抢救开始的首次应吹气两次，并使每次时间为1~1.5s。

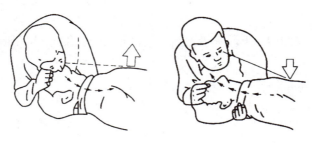

图 1-7　口对口人工呼吸法

（3）胸外心脏按压法。让触电者仰面躺在平硬的地方，救护人员立或跪在触电者一侧肩旁，两手掌相迭（儿童可用一只手），两臂伸直，掌根放在心口窝稍高一点的地方（胸骨下 1/3 部位），掌根朝触电者脊背方向用力下压，挤出心脏里的血液，然后迅速抬起后掌，让触电者胸部自动复原，血液又充满心脏，如图 1-8 所示。胸外心脏按压要以匀速进行，每分钟 80 次左右为宜。

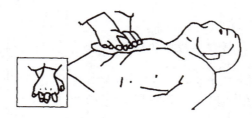

图 1-8　胸外心脏按压法

文件名称：照明线路常用电工知识
文件类型：DOCX
文件大小：705KB

1. 训练目的

（1）熟悉直接和间接触电防护措施。
（2）掌握触电急救的原则。
（3）掌握触电伤员呼吸、心跳情况的判定方法。
（4）掌握心肺复苏的急救方法。
（5）培养学生理论联系实际的能力和严谨的工作作风。

2. 训练器材

电线、心肺复苏模拟人、干燥木棒、金属杆、酒精、卫生棉布、劳保服品等。

3. 训练内容

(1) 触电者脱离电源。
(2) 脱离电源后的处理。
(3) 心肺复苏。

 考核评价

任务考核评价见表 1-19。

表 1-19 任务考核评价

考核内容		评 价 标 准	分值	自评	小组互评	教师评价
触电者脱离电源		(1) 抢救工具使用不正确,扣 5 分; (2) 救援人员无自身保护意识,扣 5 分	10			
脱离电源后的处理		(1) 触电者意识、状态判断不正确,扣 5 分; (2) 脱离电源后,触电者体位摆放不正确,扣 5 分; (3) 触电伤员呼吸、心跳情况判定方法不正确,每步骤扣 5 分	25			
心肺复苏法	气道通畅	(1) 抢救者手法不正确,扣 5 分; (2) 触电者体位摆放不正确,扣 5 分	10			
	口对口人工呼吸	(1) 触电者体位不正确,扣 5 分; (2) 抢救者手法不正确,每处扣 5 分; (3) 人工呼吸方法不正确,扣 5 分; (4) 首次吹气时间不正确,扣 5 分	25			
	胸外心脏按压	(1) 触电者体位不正确,扣 5 分; (2) 抢救者手法不正确,每处扣 5 分; (3) 掌根按压位置不正确,扣 5 分; (4) 按压频率不正确,扣 5 分	30			
总 分			100			

 课后思考

(1) 电路由哪些部分构成?它有几种状态?
(2) 简述电流、电压、电动势和电功率的概念及常用单位。
(3) 简述欧姆定律。
(4) 什么是正弦交流电?它的三要素是什么?
(5) 简述导线载流量和截面的关系。

(6) 影响电流对人体伤害的因素有哪些？
(7) 间接触电防护有哪些措施？
(8) 触电者脱离电源后，应如何救护？
(9) 试计算一栋装有 20 盏 40W 荧光灯的别墅照明线路的总功率、供电线路的额定电流、熔断器的额定电流、自动开关脱扣电流，并根据供电线路电流合理选择导线。

任务 1.2　认识照明安装常用工具

(1) 了解照明安装常用工具的种类。
(2) 了解照明安装用人字梯的使用安全措施。
(3) 掌握照明安装常用工具的使用方法。
(4) 掌握照明安装常用工具使用中注意的问题。
(5) 掌握电能表的接线方法。
(6) 能正确使用各种照明安装常用工具。

一、照明安装用手动工具

1. 钢丝钳

钢丝钳是电工及其他维修人员常用工具之一。如图 1-9 所示，钢丝钳的钳口用来钳夹和弯绞导线；齿口用来紧固或拧松小螺母；刀口用来剪切电线、掀拔铁钉、剖削软导线绝缘层；铡口用来铡切钢丝等硬金属丝；钳柄上的绝缘套可耐压 500V 以上，使钢丝钳能带电剪切 380V/220V 电线。

使用钢丝钳时，应先将钳口朝内侧，以便控制钳切部位；然后用小指伸在两钳柄中间来抵住钳柄，便于灵活分开钳柄；最后张开钳头。

使用钢丝钳应注意以下几个问题。

(1) 使用前应检查绝缘柄绝缘状况是否良好；使用中切忌乱扔，避免损坏绝缘塑料管。

(2) 用刀口剪切 8 号镀锌铁丝时，应先用刀刃绕其表面来回割几下，然后剪切；剪切带电导线必须单根进行，不得用刀口同时剪切相线和零线或者两根相线，否则会发生短路事故。

图 1-9　钢丝钳

(3) 为保证钳头开闭灵活，轴销应常用机油润滑，且不能用钳头代替手锤作为敲打工具，防止钳头变形。

(4) 用钳子缠绕抱箍固定拉线时,应用齿口夹住铁丝并按顺时针方向缠绕。

(5) 严禁用钳子代替扳手紧固或拧松大螺母。

2. 尖嘴钳

尖嘴钳主要用来剪切线径较小的单股或多股导线,也可用于单股导线接头弯圈和剖削导线绝缘层,其外形如图 1-10 所示。

尖嘴钳与钢丝钳的使用方法相同。弯圈导线接头时,应先将线头向左折,然后再紧靠螺杆按顺时针方向向右弯。

尖嘴钳也可改制成剥线尖嘴钳,具体方法是:先用电钻在尖嘴钳刀刃的前段钻两个直径分别为 0.8mm 和 1.0mm 的槽孔;然后分别用 1.2mm 和 1.4mm 的钻头稍扩一下,使两个槽孔有一个薄薄的刃口,用来剥削导线。

3. 螺钉旋具

螺钉旋具俗称改锥工、起子,是用来拆卸或安装紧固螺钉的工具。根据其头部形状可分为一字形和十字形两种,如图 1-11 所示。常用的螺钉旋具有 50mm、100mm、150mm、300mm 等规格。

图 1-10 尖嘴钳

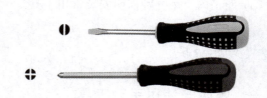

图 1-11 一字形和十字形螺钉旋具

大螺钉旋具用于松紧较大的螺钉,使用时可用大拇指、食指和中指夹住手柄,并用手掌顶住手柄的末端,防止旋转时滑脱,如图 1-12(a)所示。为防止刀头滑脱将手划伤,也可用右手压紧并转动手柄,左手握住螺钉旋具的中间。

短螺钉旋具用于松紧电气装置接线桩上的小螺钉。使用时可用大拇指和中指夹住手柄,用食指顶住柄的末端捻转,如图 1-12(b)所示。

使用螺钉旋具应注意以下几个问题。

(1) 带电作业时不可使用金属杆直通柄顶的螺钉旋具,以防触电。

(2) 松紧带电的螺钉时,不能用手接触螺钉旋具的铁杆,以防触电。

(3) 螺钉旋具头部应与螺钉尾槽紧密结合,捻转时用力均匀,防止打滑或损坏螺钉槽口。

(a) 大螺钉旋具用法

(b) 小螺钉旋具用法

图 1-12 螺钉旋具的使用

4. 电工刀

电工刀主要用来剖削导线绝缘层,也可用于

切割圆木、木台缺口和削制木榫，其外形如图 1-13 所示。

图 1-13　电工刀

为防止伤手，使用电工刀时应将刃口朝外剖削，用毕应立即把刀身折进刀柄。在剖削导线绝缘层时，刀面应与导线成较小的锐角，防止割伤导线。由于电工刀刀柄没有绝缘保护，因此不宜带电作业。

5．剥线钳

剥线钳主要用来剥削 $6mm^2$ 以下导线绝缘层，其外形如图 1-14 所示。剥线钳切口有多个规格的刃口，使用时应根据导线的截面选择刃口。

图 1-14　剥线钳

使用剥线钳前，应检查剥线钳把手胶柄是否完好；本体有无破损、变形；钳口开关动作是否灵活；检查导线是否有电。

使用剥线钳时，应先用右手握住剥线钳，再用左手将待剥皮的导线放入钳头相应直径的卡口内；最后右手向内用力使钳口向外分开，导线线芯即与绝缘层分离；使用后的剥线钳和电线都应放在规定的位置。

6．断线钳

断线钳是专门用来剪断较粗金属丝、线材及电线电缆的电工工具，其外形如图 1-15 所示。常用的断线钳钳柄分为铁柄、管柄和绝缘柄三种，电工常用的绝缘柄断线钳耐压 1000V。

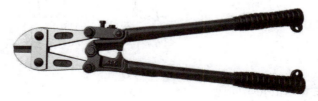

图 1-15　断线钳

7. 活络扳手

活络扳手又称活扳手,用于旋紧或拧松有角螺钉或螺母,调节蜗杆可改变扳口大小,其外形如图 1-16 所示。电工常用的有 150mm×19mm、200mm×24mm 和 300mm×36mm 三种规格。

使用活扳手时,通常用右手握住手柄,大拇指转动蜗轮调节扳口的大小,手越靠后,扳动越省力。在扳动小螺母时,手应靠近呆扳唇,并用大拇指调节蜗轮,以适应螺母的大小。

使用活扳手应注意以下几个问题。

(1) 夹持螺母时,应使呆扳唇在上、活扳唇在下,切忌反过来使用。

(2) 扳动生锈的螺母时,可在螺母上滴几滴煤油、机油或使用螺钉松动剂。

(3) 切忌将钢管套在活扳手的手柄上来增加扭力,以防损伤扳唇。

(4) 不得把活络扳手当锤子用。

8. 手锤

手锤是用来敲击物体的工具,其外形如图 1-17 所示。根据锤头质量,手锤可分为 1P、1.5P、2P 等不同规格。

图 1-16 活扳手　　　　　　图 1-17 手锤

手锤的握法分紧握和松握两种。紧握法是用右手五指紧握锤柄,大拇指合在食指上,虎口对准锤头方向,木柄尾端露出 15～30mm,挥锤或锤击时五指始终紧握;松握法是只用大拇指和食指始终握紧锤柄。在挥锤时,小指、无名指、中指则依次放松,锤击时以相反的次序收拢握紧。

使用手锤作业时,挥锤方法有腕挥、肘挥和臂挥三种方法。腕挥使用手腕的动作进行锤击运动,采用紧握法握锤,如图 1-18(a)所示;肘挥使用手腕与肘部一起挥动作锤击运动,采用松握法握锤,如图 1-18(b)所示;臂挥使用手腕、肘和全臂一起挥动,锤击力最大,如图 1-18(c)所示。

(a) 腕挥　　　　(b) 肘挥　　　　(c) 臂挥

图 1-18 手锤挥锤方法

使用手锤应注意以下几个问题。

(1) 锤头必须加铁楔,以免工作时甩掉锤头。

(2) 锤柄不准有裂纹、倒刺,以防裂纹夹、扎手,或锤柄折断。

(3) 两个人锤击时站立位置要错开方向,扶钳、打锤要稳,落锤要准,动作要协调,以免击伤对方。

(4) 手锤头、手柄及手上应无油污,以防打滑。

(5) 打大锤时前面和后面不准站人,注意周围人员安全。

(6) 使用手锤时不准戴手套,防止手柄滑脱。

9. 錾子

錾子主要用来消除金属毛刺,对已生锈的小螺栓可通过錾断消除实现换新,其外形如图 1-19 所示。

使用錾子时,应用左手握紧錾子,手与錾子尾部相距约 4cm,右手握紧锤子用力敲击。使用錾子应注意以下两个问题。

(1) 錾子应经常刃磨,并及时去掉錾子尾部毛刺。

(2) 錾削脆性材料或毛刺时,应靠錾子的后面站立,防止碎屑飞进伤人。

10. 水平尺

水平尺主要用来检测或测量水平度和垂直度,它既能用于短距离的测量,又能用于远距离的测量,其外形如图 1-20 所示。

图 1-19 錾子　　　　　　　　图 1-20 水平尺

水平尺的三个玻璃管分别用来测量水平面、垂直面和 45°角,每个玻璃管中都有一个气泡。将水平尺放在被测量的物体上,水平尺的气泡偏向哪一边,说明哪边偏高,就需要降低该侧的高度,或调高相反侧的高度;若气泡居于中心,则表示被测物体在该方向是水平的。

使用水平尺前,首先检查水平尺表面是否有裂纹、气孔,水准器中的液体是否清洁透明;然后进行校准,即将水平尺放平靠在墙上,沿着尺的边缘在墙上画一根线,再把水平尺左右两头互换,放到原来画好的线上,如果尺与线重合且水准管里的水是平的,则说明水平尺是准确的,反之就需要校正了。

使用水平尺时,应在同一平面的两个不平行位置进行测量,才能准确地确定平面是否水平。水平尺的保管简单,悬挂或是平放在桌面、抽屉中都可以。

11. 塑料弯管器

塑料弯管器的种类繁多,最简易的是使用弹簧进行冷弯。操作时,先把型号合适的弹簧插入需要折弯的 PVC 管材内,手握管材两端用力折弯,直到折弯到位再把弹簧拉出来。对于管径较大、管壁较厚的 PVC 线管,可用热风吹来加热,在弯管子的地方要加热均匀。

12. 卷尺

卷尺是常用的测量工具,常用的测量工具还有钢尺和直角尺。使用钢卷尺测量时,应使尺的零刻度对准测量起始点,施以适当拉力,直接读取测量终止点所对应的尺上刻度。

二、照明安装用电动工具

1. 电钻

电钻是利用钻头进行孔加工的电动工具,常用的电钻有手枪式和手提式两种,其外形如图 1-21 所示。电钻通常使用 220V 单相交流电源,在潮湿的环境中多采用安全低电压。

2. 冲击钻

冲击钻主要用于电工施工前混凝土地板、墙壁、砖块、石料、木板和多层材料的冲击打孔,其外形如图 1-22 所示。

(a) 手枪式　　　　　(b) 手提式

图 1-21　电钻　　　　　　　　图 1-22　冲击钻

在冲击钻夹头处有调节旋钮,调节旋钮调到标记为"旋转"的位置时,冲击钻作普通手电钻使用;调节旋钮调到标记为"冲击"的位置时,用来冲打砌块和砖墙等建筑材料的木榫孔和导线穿墙孔。

使用冲击钻前,应查看电源是否与其额定电压相符,检查机体绝缘防护、辅助手柄及深度尺调节等情况。

使用冲击钻应注意以下几个问题。

（1）应装入直径为 6~25mm 的合金钢冲击钻头或打孔通用外头。

（2）严禁乱拖冲击钻导线或将其拖到油水中。

（3）冲击钻的电源插座须配备漏电开关装置。

（4）更换钻头时,应用专用扳手及钻头锁紧钥匙。

3. 电锤

电锤主要用来在混凝土、砖石等硬质建筑材料上钻开 6~100mm 的孔,其外形如图 1-23 所示。

使用电锤前,应检查其外壳、手柄是否有裂缝和破损;电缆软线及插头等是否完好;开关动作及保护接零连接是否正确;防护罩是否齐全牢固以及电气保护装置是否可靠。

使用电锤作业时,应用手掌握住电锤手柄,打孔时先将钻头抵在异型铆钉工作表面,

图 1-23　电锤

然后开始工作；当转速急剧下降时应减少用力，防止电机过载。作业中，不得用手触摸电锤电锯刃具、模具和砂轮，发现有磨钝、破损等情况时，立即停机修整或更换，然后再继续进行作业。

4. 角磨机

角磨机又称研磨机或盘磨机，主要用来切削和打磨，也可用来倒角或切割石材、木板等，其外形如图1-24所示。

图1-24 角磨机

5. 电烙铁

电烙铁是电工常用的焊接工具，利用电流流过发热体（电热丝）产生的热量熔化焊锡进行焊接，主要用于电线接头和电气元件接点的焊接。常用的电烙铁有外热式和内热式两种，其外形如图1-25所示。

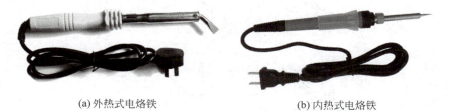

(a) 外热式电烙铁　　　　　　(b) 内热式电烙铁

图1-25 电烙铁

使用电烙铁前，应检查电源电压与电烙铁上的额定电压（一般为220V）是否相符，电源和接地线接头是否接错。新烙铁应用砂纸把烙铁头打磨干净后再使用。使用后，应拔下电烙铁插头，待冷却后再放置干燥处，避免潮湿漏电。

使用电烙铁应注意以下几个问题。

（1）电烙铁不能在易爆场所或腐蚀性气体中使用。

（2）电烙铁通电后不能敲击，以免缩短使用寿命。

（3）要经常清除外热式电烙铁铜头上的氧化层，防止铜头烧死。

（4）电线接头、电子元器件应使用松香作焊剂进行焊接，严禁使用含盐酸等腐蚀性物质的焊锡膏，防止印制电路板被腐蚀或使电气线路短路。

（5）电烙铁在焊接铁、锌等物质时，应使用焊锡膏焊接。

（6）氧化的紫铜制烙铁头，须锉去氧化层并在酒精内浸泡后方可使用。

（7）电子元器件的焊接，应选用低温焊丝，同时在烙铁头涂抹薄锡。

（8）焊接场效应晶体管，应拔下电源利用电烙铁余热作业，避免损坏场效应晶体管。

三、照明安装用测量工具

1. 试电笔

试电笔主要用于测试75～500V的交流电压，其外形如图1-26所示。作业时，应注意人体不得接触笔尖的金属部分，并与其他带电体应保持安全距离，以防触电。

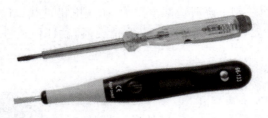

图 1-26 试电笔

使用试电笔时,应用手捏住尾部的金属端,并用前端金属部分接触带电体,如果笔内氖泡发光,则表示有电。数字式试电笔和螺钉旋具试电笔的使用方法如图 1-27 所示。

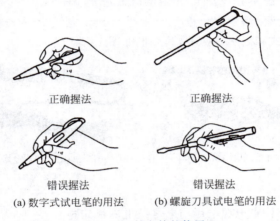

(a) 数字式试电笔的用法　　(b) 螺旋刀具试电笔的用法

图 1-27 试电笔的使用

实际生产中,试电笔可进行如下操作。

(1) 直流电源正负极测试。用试电笔测试直流电源正负极,氖泡只有一端发光。测试时一手扶"地",一手持试电笔接触直流电源的任意极,若靠近试电笔笔尖一端发光,被测极为直流电源的负极;若靠近试电笔顶部一端发光,被测极为直流电源的正极。

用试电笔测试正常运行的直流系统电源正负极时(正、负极都不接地),氖泡不发光。只有当系统接地故障时,氖泡会有一端发光,若靠近试电笔顶部的一端发光,说明电源的负极发生接地故障;若靠近试电笔笔尖的一端发光,说明电源的正极发生接地故障。

(2) 电压高低测试。用试电笔判断电压的高低,氖泡发光既亮又长的是高电压端;氖泡发光暗红且短的是低电压端。

(3) 相线、零线测试。试电笔接触相线时,氖泡发光;接触零线时,氖泡不应发光。如果变压器、电动机等电气设备的三相负荷严重不平衡时,用试电笔测中性线,氖泡会发光。电气设备绕组的严重短路故障也可用此方法判断。

(4) 电气设备漏电测试。用试电笔接触低压电器设备的外壳,如果氖泡发光,说明该设备的绝缘可能损坏或相线与外壳相碰。

(5) 电气回路测试。试电笔接触相线时,若氖泡闪光,说明该回路的某个连接部件接触不良(虚接)或有不同电力系统的干扰。

(6) 单相电气设备外壳感应电测试。没有接地保护(零)线的单相电气设备,用试电笔接触其外壳,氖泡可能会亮,应注意人体不要接触设备的外壳。此时将设备的电源插头调换方向再用试电笔验电,如氖泡不发光或发出弱光,说明有感应电压存在。

2. 万用表

万用表又叫复用表,是一种测量多种电量的多量程仪表,常用来测量直流电压、直流电流、交流电压、交流电流、直流电阻、电功率、电感、电容及音频电平等。万用表可分为指针式和数字式两种。

1) 指针式万用表

指针式万用表由磁电式微安表头、测量电路和转换开关三部分组成。其中,表头用来指示被测物理量的数值;测量电路用来把被测量转换成适合表头要求的微小直流电流;转换开关用来选择被测量的测量电路。指针式万用表的结构多种多样,如图 1-28 所示为 MF47 型指针式万用表的外形。

使用指针式万用表前,应先分清表盘上各标度尺对应的测量值,然后将测试棒的红、黑插头分别插入标有"+"和"-"的插孔内,再调节转换开关到电阻的"×1k"挡位,将红、黑表笔短接,检查指针是否指向机械零位,如不指零,可旋转表盖的调零器使指针指示在零位上。若测量交流直流"2500V"或直流"5A"时,红插头应插入标有"2500"或"5A"的插孔中,黑插头应插入 COM 端。测量电压时,万用表并联接入;测量电流时,万用表串联接入。

图 1-28　MF47 型指针式万用表

在进行直流电压测量时,万用表的红表笔接被测部分的正极,黑表笔接被测部分的负极。不清楚极性的被测部分,可采用以下方法进行极性判别:先将转换开关置于直流电压最大挡位;然后将表笔放在一个极性上,再用另一表笔触及被测部分的另一个极性,触及后迅速拿开;观察万用表指针的偏转情况,若指针向刻度的正向偏转,说明被测部分的极性与万用表极性相同;反之,则被测部分的极性与万用表极性相反。

用指针式万用表测量直流电压、交直流电压及直流电阻的具体方法如下。

(1) 直流电流测量。测量 0.05～500mA 电流,转换开关直接旋转至所需的电流挡位即可;测量 5A 直流电流时,则应先将转换开关旋转到 500mA 直流电流量限上,然后再将表笔串接在被测电路中。

(2) 交直流电压测量。测量 10～1000V 或直流 0.25～1000V 电压,转换开关直接旋转至所需的电压挡位即可;测量 2500V 交直流电压时,则应先将转换开关旋转到交流 1000V 或直流 1000V 位置上,然后再将表笔跨接于被测电路两端。

(3) 直流电阻测量。每次测试电阻前,都应将两表笔短接,调节零欧姆旋钮,使指针对准欧姆"0"位(若不能指示欧姆零位,则说明电池电压不足,应更换电池)。测量时,应先预估待测电阻值;然后调节转换开关至所需电阻挡位,使测量时指针能够指到表刻度盘中间位置;最后将表笔跨接于被测电路的两端进行测量。

测量电路中的电阻时,应先切断电路电源,若电路中有电容则应先行放电;当测量电解电容器漏电电阻时,应旋转转换开关至 $R×1k$ 挡位,且应使红表笔接电容器负极,黑表笔接电容器正极。

使用指针式万用表应注意以下几个问题。

(1) 测试时,表笔带电部分不得与手接触,防止触电或测量误差。

(2) 高压或大电流的测量,应在断电情况下变换测量挡位,防止开关或旋钮触点产生电弧,烧毁开关而短路。

(3) 测量未知电压或电流时,应先预估待测值并调节转换开关至上限挡位,第一次测量读数后,将挡位调整到适当位置并准确读数。

(4) 经常使用电阻挡测量时,应定期检查、更换干电池,保证测量精度。

(5) 因过载而烧断保险丝时,应打开表盒更换相同型号的保险丝(0.5A/250V)。

(6) 使用完毕应调节转换开关至交流 250V 电压挡或空挡位置;长期不使用的万用表应取出电池,防止电液溢出腐蚀损坏其他零件。

2) 数字式万用表

数字式万用表测量的数值直接通过数字显示,具有显示直观、测量精度高、功能全、输入阻抗高、过载能力强、省电、体积小等特点。890C+型数字式万用表如图 1-29 所示。

图 1-29 中,液晶显示器用于显示仪表测量的数值;发光二极管用于通断检测时报警;旋钮开关用于改变测量功能、量程及控制开关机;"20A"插孔用于测量大电流;"mA"插孔用于测量小电流;"VΩ"插孔用于测量电压、电阻、电容、温度;三极管测试插孔为三极管测试输入端口;"COM"插孔为公共端,接黑表笔。

数字式万用表具有自动断电功能,即仪表停止使用约 20min 后,便自动进入断电休眠状态。若要重新启动电源,须先将旋钮开关转至"OFF"挡,然后再调整旋钮开关至所需挡位,电源即自动接通。用数字式万用表测量直流电压、交流电压及电阻的具体方法如下。

(1) 直流电压测量。测量直流电压时,应先将黑表笔插入"COM"插孔,红表笔插入"VΩ"插孔;然后将旋钮开关旋转至相应的 DCV 量程上;最后将表笔

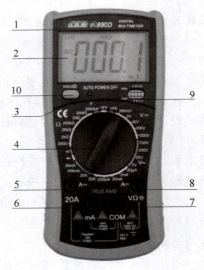

图 1-29 890C+型数字式万用表

1—型号栏;2—液晶显示器;3—发光二极管;4—旋钮开关;5—20A 电流测试插座;6—电容、测试附件"−"极及小于 200mA 电流测试插座附件;7—电容、测试附件"+"极插座及公共地电容;8—电压、电阻、二极管"+"极插座;9—三极管测试插座二极管"+"极插座;10—背光灯/自动关机开关

跨接在被测电路上,红表笔所接的被测点电压值与极性会在屏幕上显示出来。

(2) 交流电压测量。测量交流电压时,应先将黑表笔插入"COM"插孔,红表笔插入"VΩ"插孔;然后将旋钮开关旋转至相应的 ACV 量程上;最后将表笔跨接在被测电路上,被测电压值就会显示在屏幕上。

(3) 电阻测量。测量电阻时,应先将黑表笔插入"COM"插孔,红表笔插入"VΩ"插孔;然后将旋钮开关旋转至相应的电阻量程上;最后将表笔跨接在被测电阻上,被测电阻值就会显示在屏幕上。

使用数字式万用表应注意以下几个问题。

(1) 测量未知数值的物理量时,旋钮开关应旋转到最高挡位,然后再根据显示值调整至相应挡位。

(2) 被测量数值超出预置量程范围时,液晶显示器会显示"1",此时应将量程开关旋转到较高挡位上。

(3) 被测电阻超过 1MΩ 时,被测量数值需几秒后才能稳定显示。

(4) 测量在线电阻前,应切断被测电路所有电源,并确定所有电容都已完全放电。

3) 钳形电流表

钳形电流表简称钳形表,由电流互感器和电流表组成,主要用于直接测量没有切断电路的线路中流过的电流。DM6266 型钳形电流表如图 1-30 所示。

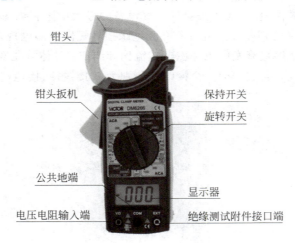

图 1-30 DM6266 型钳形电流表

使用时,先调整旋转开关到合适位置;然后手持手柄并用食指勾紧钳头扳机打开钳口,将待测导线从钳头缺口引入到钳口中央;再放松食指使钳头闭合,即可从显示器上直接读出被测量数值,按下保持开关可使测量值保持在显示器上。用 DM6266 型钳形电流表测量交流电流、交直流电压和电阻的具体方法如下。

(1) 交流电流测量。测量交流电流时,应先将旋转开关旋至 ACA 1000A 挡,并使开关保持放松状态;然后按下钳头扳机打开钳头,钳住一根导线(钳住两根以上导线,测量无效);最后读取被测量数值。如果读数小于 200A,应将旋转开关旋至 ACA 200A 挡重新测量,以提高测量准确度。

(2) 交、直流电压测量。测量直流电压时,旋转开关旋至 DCV 1000V 挡;测量交流电压时,旋转开关旋至 ACV 750V 挡。测量时,应保持开关处于放松状态;红表笔接到"VΩ"端,黑表笔接到"COM"端;将红、黑表笔并联到被测线路,即可读取被测量数值。

(3) 电阻测量。测量电阻时,应先将旋转开关旋至适当量程的电阻挡,并使开关保持放松状态;然后连接红表笔至"VΩ"端,黑表笔至"COM"端;最后将红、黑表笔分别接到被测电阻的两端,即可读取被测量数值。测在线电阻时,应切断被测电路所有电源,并确定与电阻相连的电容全部完全放电。

使用钳形电流表应注意以下几个问题。

(1) 测量前应预估被测电流的大小,选用合适量程,不能在测量过程中换挡。

(2) 被测导线应放在钳口中央,钳口接合面要对齐、对严。

(3) 测量 5A 以下电流时,应多绕几圈导线(测量值与所绕圈数的比为实际值),以保证测量的准确性。

(4) 操作时,应戴绝缘手套并与带电体保持足够的安全距离,防止触电。

(5) 屏幕出现"LOBAT"字样,应及时更换电池。

(6) 使用完毕应将旋转开关转至最大挡,防止再次使用时损坏仪表。

4) 兆欧表

兆欧表又称绝缘摇表,主要用来测量电气设备的最大电阻和绝缘电阻,计量单位为兆欧(MΩ),其测量结果是判断线路或设备有无绝缘损坏短路或漏电现象的主要依据。

普通兆欧表由手摇直流发电机和磁电式流比计组成;晶体管兆欧表由高压直流电源和磁电式流比计组成。兆欧表的三个接线柱分别为 L 接线柱、接地柱(G)和 E 接线柱,如图 1-31 所示。

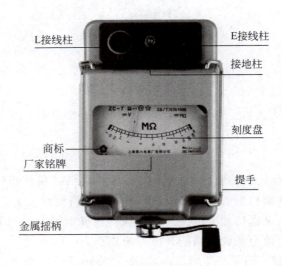

图 1-31 兆欧表

测量前,应根据被测量的预估电压和电阻范围合理选择兆欧表。额定电压在 500V 以下的电气设备,应选用电压等级为 500V 或 1000V 的兆欧表;额定电压在 500V 以上的电气设备,应选用电压等级为1000～5000V的兆欧表。

接线前,应对兆欧表进行检验。接线端开路时,摇动兆欧表,指针应指在"∞"处;短接L和E两个接线柱时,摇动兆欧表,指针应指在"0"处。利用兆欧表测量不同电气设备绝缘电阻的接线,如图1-32所示。

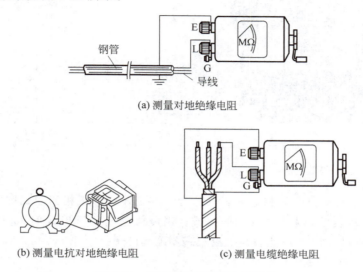

图1-32 兆欧表测量绝缘电阻接线

使用时,应先将兆欧置于水平位置;然后顺时针方向摇动手摇柄,使转速由慢到快;当转速达到120r/min时,保持稳速,此时指针稳定指示的数值即为被测绝缘电阻值。

使用兆欧表应注意以下几个问题。

(1) 测量线路或设备的绝缘电阻时,应切断被测设备的电源,并充分放电。

(2) 测量中禁止他人接触被测设备。

(3) 接线柱引线应采用单根多股软导线,各引线应悬空且不能搭接或绞在一起。

(4) 测量完毕,应对被测线路或设备进行放电处理,兆欧表的L和E接线柱也要短接放电,防止触电事故。

四、照明安装用电能计量表

电能表又称电度表,用于计量电气设备在单位时间内消耗电能,单位为度(kW·h)。根据测量线路和电气设备的不同,可分为单相电能表和三相电能表。电能表的选用以负载大小和相数为依据,单相负载选用单相电能表;三相负载选用三相电能表;单相和三相负载混合连接时,选用三相四线电能表。

1. 单相电能表

最常用的单相电能表为感应式电能表,其外形如图1-33所示。

单相电能表接线如图1-34所示。图中,端子1和端子3接电源进线,端子2和端子4为出线,接负载,端子1与电源相线(俗称火线)相连接。实际操作中,可参照单相电能表接线盒上的接线图接线。

图 1-33　单相电能表

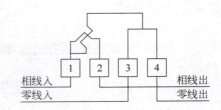

图 1-34　单相电能表接线

2. 三相电能表

按照接入相线的不同，三相电能表可分为三相三线式和三相四线式；按照负载电流的大小，三相电能表可分为直接式和间接式。当负载电流大于 30A 时，选用间接式三相电能表进行测量，即用 5A 电能表与电流互感器配套使用。

1）直接式三相三线式电能表接线

直接式三相三线式电能表接线及电路如图 1-35 所示。图中，1、4、6 接线端子为相线入线，与电源相线相连；3、5、8 接线端子为相线出线，与负载相连；2 和 7 两个端子已分别与 1 和 6 端子短接，可不接线。

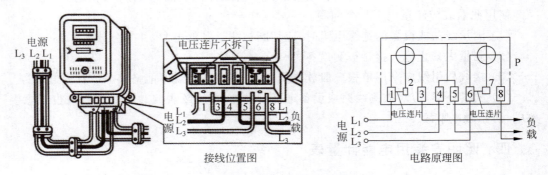

图 1-35　直接式三相三线式电能表接线

2）间接式三相三线式电能表接线

间接式三相三线式电能表接线及电路如图 1-36 所示。图中，电源进线的两根相线分别与两只电流互感器的一次测"＋"标记接线端钮连接后，再分别与电能表上已拆除铜片的 2、7 两个接线端子连接；两只电流互感器二次侧的 K_1 接线端分别与电能表的 1、6 两个接线端子连接；两只电流互感器二次侧 K_2 接线端短接后再与电能表 3、8 两个接线端子连接并接地；两只电流互感器一次侧的"－"标记接线端头为电源的两相出线；电源的另一相线同时作为进线和出线与电能表的 4 号接线端子相连。

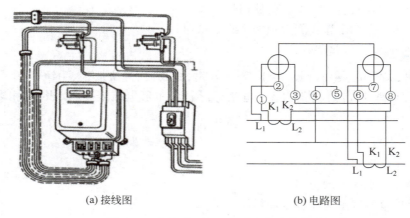

(a) 接线图　　　　　　　　(b) 电路图

图 1-36　间接式三相三线式电能表接线

五、照明安装用登高工具

绝缘人字梯是照明线路施工中常用的登高工具，如图 1-37 所示。

人字梯安全使用，应注意以下几个问题。

（1）使用前要检查人字梯是否牢固。

（2）人字梯在使用时应四脚落地、摆放平稳，梯脚设防滑橡皮垫和保险链，两腿间有不小于 8mm 的尼龙绳连接。

（3）人字梯上应铺设脚手板，脚手板两端搭设长度不少于 20cm，不得两人同时在脚手板中间操作。

（4）梯子挪动时，不允许作业人员站在上面，严禁站在梯子上踩高跷式挪动。

（5）人字梯顶部转轴处不得站人，不得铺设脚手板。

（6）人字梯应当经常检查，发现开裂、腐朽、楔头松动和缺挡时，不能使用。

图 1-37　绝缘人字梯

（7）高度超过 3m 的人字梯，施工时应有专人扶住梯子，以防倒塌。

（8）进入施工现场必须戴安全帽，临边及高空作业时必须系安全带。

（9）严禁酒后作业。

1. 训练目的

（1）熟悉照明安装常用工具。

（2）熟练掌握常用电工工具的使用。

（3）熟练掌握常用电工仪表的使用。

(4) 掌握照明安装常用工具的使用规程。
(5) 培养学生动手操作能力和安全施工意识。

2. 训练器材

钢丝钳、尖嘴钳、螺钉旋具、电工刀、剥线钳、断线钳、活络扳手、手锤、水平尺、塑料弯管器、卷尺、电钻、冲击钻、电烙铁、试电笔、万用表、钳形电流表、兆欧表、单相电能表、人字梯。

3. 训练内容

(1) 正确识别照明安装常用工具。
(2) 卷尺和水平尺的使用。
(3) 用试电笔区别电路相线和零线。
(4) 用万用表测量电路的电压和电阻。
(5) 用兆欧表测量电路的绝缘电阻。
(6) 单相电能表接线。
(7) 电钻和冲击钻的使用。

考核评价

任务考核评价见表1-20。

表1-20　任务考核评价

考核内容	评价标准	分值	自评	小组互评	教师评价
常用工具识别	(1) 不能正确识别常用电工工具,每处扣2分; (2) 不能正确识别常用电工仪表,每处扣2分	15			
测量工具的使用	(1) 用卷尺测量长度不正确,扣3分; (2) 水平尺测量水平度和垂直度不正确,每处扣3分	10			
试电笔的使用	(1) 试电笔握法不正确,扣2分; (2) 使用试电笔区分相线、零线不正确,扣5分	10			
万用表的使用	(1) 万用表测电路电压方法不正确,扣5分; (2) 万用表测电路电阻方法不正确,扣5分	10			
兆欧表的使用	(1) 兆欧表选用不正确,扣5分; (2) 接线柱使用不正确,每处扣2分; (3) 绝缘电阻测量值不正确,扣5分	15			
单相电能表接线	(1) 电能表选用不正确,扣5分; (2) 电能表接线不正确,每处扣5分; (3) 电能表数值读取不正确,扣5分	20			

续表

考核内容	评 价 标 准	分值	自评	小组互评	教师评价
电钻和冲击钻的使用	（1）电钻使用不正确，扣5分； （2）冲击钻使用不正确，扣5分	10			
文明生产	（1）不服从指挥、违反安全操作规程，扣2分； （2）破坏仪器设备、浪费材料，扣5分	10			
总　　分		100			

  课后思考

（1）简述钢丝钳各部分的作用。
（2）如何将尖嘴钳改制为剥线尖嘴钳？
（3）螺钉旋具分为几种？各自的用途是什么？
（4）如何使用剥线钳？
（5）使用活扳手应注意哪些问题？
（6）使用手锤作业时，有哪几种挥锤方法？
（7）电钻、冲击钻和电锤各适合什么施工场合？
（8）如何正确使用水平尺？
（9）使用电烙铁应注意哪些问题？
（10）简述指针式和数字式万用表的使用方法。
（11）使用钳形电流表应注意哪些问题？
（12）使用梯子登高作业时，应注意什么？

任务1.3　认识照明安装常用材料

  学习任务

（1）了解常用照明灯的类型及其特点。
（2）理解照明灯具附件的种类。
（3）掌握常用照明灯具的组装及安装方法。
（4）掌握开关和插座的接线和安装方法。
（5）能合理选择照明灯具。

  知识链接

电气照明施工是电气施工的重要程序之一，按照实际需要和照明方式，分为一般照明、局部照明和混合照明；按照照明种类，分为生活照明、工作照明和事故照明。其中，一般照明是在一定范围内照度基本均匀的照明方式；局部照明是仅限于工作部位或移动的照明方式；混合照明是一般照明和局部照明的组合，适用于普通冷加工车间、维修等工作岗位；生活照明属于一般照明，对照度要求不高；工作照明要求有足够的照度，适用于生产、工作、值班、警卫、学习等场合；事故照明是在正常照明因故熄灭的情况下供继续工作或通行的照明方式，适用于医院急救和手术、剧院、会场、工地等场合。

照明安装常用的材料有各种照明灯具及其附件、开关、插座、槽板、灯线管、接线盒、绝缘导线、瓷接头、绝缘包带、木螺钉等，本任务主要介绍照明灯具、开关和插座的选用及安装方法。

一、照明灯

照明灯是将电能转换成光能的装置。照明灯的种类繁多，按安装方式分嵌顶灯、吸顶灯、吊灯、壁灯、活动灯和建筑照明；按光源分白炽灯、荧光灯、高压水银灯、红外线灯、卤钨灯和LED灯；按使用场所分民用灯、建筑灯、工矿灯、车用灯、船用灯和舞台灯；按配光方式分直接照明型、半直接照明型、全漫射式照明型和间接照明型。

1. 白炽灯

白炽灯是应用最广泛的照明灯，发光效率低、光色差，额定寿命1000h，具有体积小、使用方便、价格低廉的特点，适用于交流和直流电路。200W及以下的白炽灯泡及灯头分卡口（插口）和螺口两种，卡口用2C22灯头，螺口用E27小螺口灯头；300W及以上白炽灯泡均为螺口，采用E40大螺口灯头。

2. 荧光灯

荧光灯又称日光灯，发光率高、光色好，亮度是白炽灯的四倍，额定寿命长达3000h，适用于控制室、化验室、办公室及宿舍等场所。

日光灯主要由灯管、镇流器和启辉器三部分组成。常用日光灯接线，如图1-38（a）所示。镇流器内含两个线圈的日光灯电路，改善了限浪性能和启动性能，安装时应将匝数少的副线圈串联在启辉器回路中，其接线如图1-38（b）所示。至于两个线圈的极性连接是否正确，可观察灯管亮度和启动情况来判别，如灯管工作不正常，即可将主线圈或副线圈两根线对调。

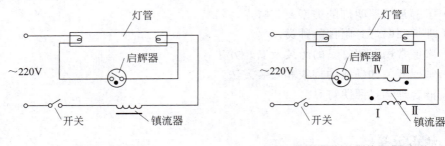

(a) 普通日光灯接线　　　　　(b) 带副线圈镇流器的日光灯接线

图1-38　日光灯接线图

3. 高压水银灯

高压水银灯有镇流器式和自镇式两种,其内管的工作气压为 1~5 个大气压,光效高、亮度大,具有省电、寿命长和耐振性好的特点,广泛适用于车间和道路照明。安装电路保险丝时,应考虑高压水银灯启动电流较大(工作电流的 1.4~1.8 倍),点燃较慢(需 4~8min)的问题;当电压突然下降到 5%时,灯会自行熄灭。高压水银灯横向安装的发光效率比垂直安装降低约 50%,镇流器式高压水银灯接线原理如图 1-39 所示。

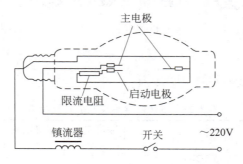

图 1-39　镇流器式高压水银灯接线图

4. 红外线灯

与普通白炽灯不同,红外线灯内壁涂有反射涂层,能集中向一个方向辐射红外线,亮度低、加热能力强,适用于需要干燥电气设备的绝缘和提高温度的场所。为防止其玻璃壳爆裂,在施工中应避免与大量水蒸气接触。

5. 卤钨灯

卤钨灯有碘钨灯和溴钨灯两种,是利用卤素循环原理的热发光光源,额定寿命 1500h,发光效率和光色好于白炽灯,具有体积小、使用方便的特点,适用于车间的面积照明,施工中的现场照明及干燥加温。安装时,卤钨灯应装于配套灯罩上(灯管壁工作温度为 500~700℃),且水平装设灯管,确保倾斜度不大于 4°。

6. LED 灯

LED 照明灯具统称为 LED 灯,具有体积小、能耗低、使用寿命长、高亮度、低热量、环保节能、坚固耐用等特点,逐步成为新型绿色照明的首选产品。LED 照明灯主要以大功率白光 LED 单灯为主,在发光原理、节能、环保的层面上都远远优于传统照明产品,已成为居室灯光的主导。

二、照明灯具附件

照明灯具是将光源发出的光进行再分配的装置,由灯泡(管)、灯座、灯罩和灯架组成的。根据使用性质不同,灯具可分为工厂灯类(GC 系列)、安全灯和防爆灯类(C、K 系列)、荧光灯类(YG 系列)、建筑灯类(J 系列)和文化艺术灯类(W 系列)。

1. 灯座

灯座俗称灯头,分卡口(插口)和螺口两种。其中,卡口灯座用胶木制成,适用于小功率灯泡的安装；螺口灯座有胶木制和瓷质两种，适用于较大功率灯泡的安装。用螺口灯座接线时，应将相线（火线）接在中心舌头上；高压水银灯和红外线灯应使用瓷质螺口灯座；荧光灯灯座分弹簧式、旋转式和筒式三种，如图 1-40 所示。

　　(a) 弹簧式　　　　　(b) 旋转式　　　　　(c) 筒式

图 1-40　荧光灯灯座

白炽灯常用灯座形式及规格见表 1-21。

表 1-21　白炽灯常用灯座形式及规格

名　　称	外　　形	额定电压/V	额定电流/A	灯口直径/mm	备　　注
悬挂式胶木卡口灯座	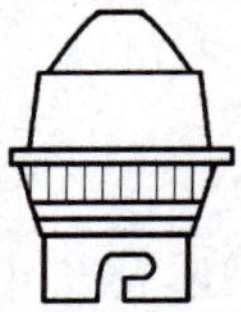	250	3	22	
平装式胶木卡口灯座	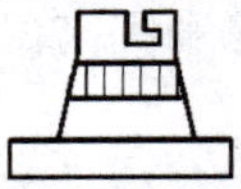	250	3	22	
悬挂式胶木螺口灯座	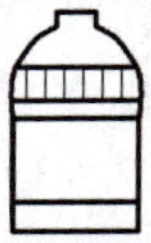	250	3	27	
平装式胶木或瓷质螺口灯座	 胶木　瓷质	250	3	27	
管接式瓷质螺口灯座	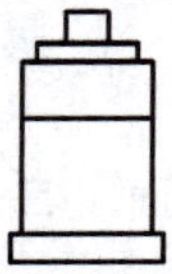	250	3、10	27、40	法兰嘴直径：3/8″、1/2″ 5/8″、3/4″
悬挂式铝壳瓷质螺口灯座	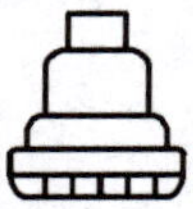	250	3、10	27、40	
悬挂式三通铝壳瓷质螺口防水灯座	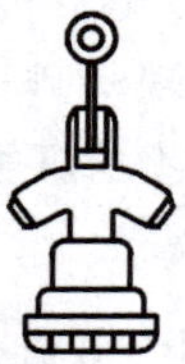	250	3、10	27、40	

2. 灯罩

灯罩是将灯泡（管）发出的向四周散射的光线转变为按需要方向照射的装置，分直射光型、半直射光型、反射光型和漫射光型四种。工厂用的搪瓷金属灯罩属于直射光型，具有机械强度高、防尘效果好、光线全部向下射出、亮度较高的特点；建筑灯具常用乳白玻璃制成各种灯罩，如漫射光型玻璃球灯，造型美观、光线柔和，但因光损失较多，亮度低。卤钨灯或荧光灯常使用长形灯罩，常用白炽灯灯罩见表1-22。

表1-22 常用白炽灯灯罩

名　　称	规格/mm	配用灯泡/W	示　意　图	备　　注
搪瓷伞罩	200	15～60		
	300	60		
	350	100、200		
搪瓷配罩	355	60～100		也可用于高压水银荧光灯
	406	150、200		
搪瓷广罩	355	60～100		也可用于高压水银荧光灯
	420	150、200		
搪瓷深罩	220	60～100		也可用于高压水银荧光灯
	250	150、200		
	310	300		
	350	300、500		
搪瓷斜罩	220	60		也可用于高压水银荧光灯
	250	100		
玻璃配罩	175	15～60		
	250	100		
玻璃平盘罩	200	15～60		
玻璃半圆罩	200	60		
	250	100		
	300	60×2		
	350	100×2		
玻璃圆球罩	150	40、60		
	200	100		
	250	150		
	300	200		
玻璃扁圆罩	250	60～100		
	300	60×2		
	350	100×2		

注：灯罩规格一般为灯罩的直径。

3. 灯架

灯架在灯具中起固定和支承的作用，分管式和吊链式两种。其中，管式灯架由法兰和吊管组成；吊链式灯架由法兰和吊链组成。

灯架上的法兰由铁或铝浇铸成圆盘形，其底部可用螺钉固定在房顶或墙壁上，顶部中心和管端用螺纹连接。灯架上的吊管常使用钢管，直径按需而定，导线从管内穿过，管子可根据光照角度和支承做成直管或弯管，其中，弯管有30°、60°和90°等形式。灯架上的吊链多为镀锌铁链条，在重量不大的日光灯灯具上，也使用铝质镀金的瓜子链作为吊链。

三、灯具组装

照明施工的一个重要步骤是把灯具的各个部件装配在一起，并连接灯头导线，便于施工现场的直接安装。吸顶式、吊线式、吊链式、吊管式、壁式和防水三通吊式等灯具的组装形式如下。

1. 吸顶式

吸顶式灯具的组装如图1-41所示。组装中应注意，圆木的厚度为25mm左右，直径按灯架尺寸选配，大功率灯泡在接近圆木处应垫石棉纸类隔热层；固定圆木用木螺钉直径在2″以上；固定灯架用木螺钉为$\frac{3}{4}$″；灯头引线规格与线路相同；搪瓷灯罩上口应与灯座铝壳匹配。

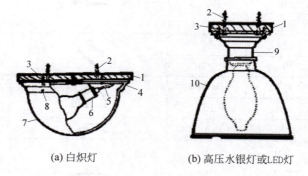

(a) 白炽灯　　(b) 高压水银灯或LED灯

图1-41　吸顶式灯具

1—圆木；2—固定圆木用木螺钉；3—固定灯架用木螺钉；4—灯架；5—灯头引线；6—管接式瓷质螺口灯座；7—玻璃灯罩；8—固定灯罩用螺钉；9—铸铝壳瓷质螺口灯座；10—搪瓷灯罩

2. 吊线式

吊线式灯具的组装如图1-42(a)所示。组装中应注意，圆木直径为$3\frac{1}{2}$″或4″，厚度为15mm；固定圆木用木螺钉直径在$1\frac{1}{2}$″以上；固定吊盒用木螺钉直径为$\frac{3}{4}$″；吊线使用2×0.75mm²的24股铜芯绝缘软线并打电工扣（电工扣打法如图1-42(b)所示）；悬挂式胶木灯座可使用卡口或螺口，并配大口玻璃灯罩或小型大口搪瓷灯罩。

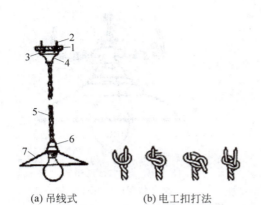

(a) 吊线式　　　　(b) 电工扣打法

图 1-42　吊线式灯具

1—圆木；2—固定圆木用木螺钉；3—固定吊盒用木螺钉；4—胶木或瓷质吊线盒；5—吊线；6—悬挂式胶木灯座；7—小口玻璃灯罩

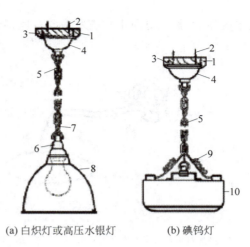

(a) 白炽灯或高压水银灯　　(b) 碘钨灯

图 1-43　吊链式灯具

1—圆木；2—固定圆木用木螺钉；3—固定法兰用木螺钉；4—法兰；5—吊链；6—铝壳瓷质螺口灯座；7—吊线；8—搪瓷灯罩；9—吊线；10—碘钨灯罩

3. 吊链式

吊链式灯具的组装如图 1-43 所示。组装中应注意，圆木厚度为 25mm，直径按法兰规格选配；固定圆木用木螺钉直径在 2″ 以上；固定法兰用木螺钉直径为 $\frac{3}{4}″$；吊线使用 $2\times0.75mm^2$ 的 24 股铜芯绝缘软线；搪瓷灯罩上口应与灯座铝壳直径匹配；吊线使用 $1.0mm^2$ 的单股铜芯塑料绝缘导线。图 1-43 中，4、5、6 为组合成品。

4. 吊管式

吊管式灯具的组装如图 1-44 所示。组装中应注意，圆木厚度为 25mm，直径按法兰规格选配；固定圆木用木螺钉直径在 2″ 以上；固定法兰用木螺钉直径为 $\frac{3}{4}″$；搪瓷灯罩上口尺寸应与灯座铝壳直径匹配。图 1-44 中，4、5、6 为组合成品。

5. 壁式

壁式灯具的组装如图 1-45 所示。组装中应注意，圆木直径为 4″ 或 6″，厚度为 30mm；固定圆木用木螺钉直径在 $2\frac{1}{2}″$ 以上；固定灯架用木螺钉直径为 $1\frac{1}{4}″$。图 1-45 中，4、5 为组合成品。

6. 防水三通吊式

防水三通吊式灯具的组装如图 1-46 所示。组

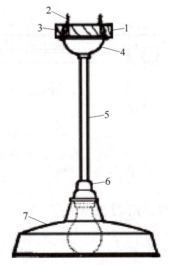

图 1-44　吊管式灯具

1—圆木；2—固定圆木用木螺钉；3—固定法兰用木螺钉；4—法兰；5—吊管；6—铝壳瓷质螺口灯座；7—搪瓷灯罩

装中应注意,搪瓷灯罩上口直径应与灯座铝壳直径匹配。图 1-46 中,1、2 为组合成品。

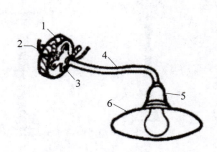 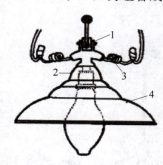

图 1-45　壁式灯具

1—圆木；2—固定圆木用木螺钉；3—固定灯架用木螺钉；4—弯管灯架；5—铝壳瓷质螺口灯座；6—搪瓷灯罩

图 1-46　防水三通吊式灯具

1—三通吊线器；2—铝壳瓷质螺口灯座；3—灯座引线；4—搪瓷灯罩

7. 荧光灯灯具组装

荧光灯灯具的吸顶式和吊链式组装如图 1-47 所示。组装中应注意,木盒选取厚度为 15mm 以上的木板；固定木盒用木螺钉直径为 $4''$ 以上；固定圆木用木螺钉直径为 $2''$ 以上；圆木厚度为 25mm,直径按法兰规格选配；固定吊盒或法兰用木螺钉直径为 $\frac{3}{4}''$；吊线使用 $2\times1.0mm^2$ 的 32 股铜芯绝缘软线。

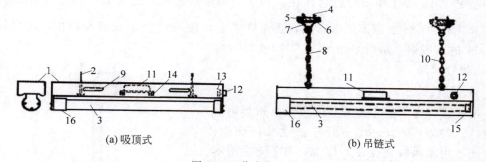

图 1-47　荧光灯组装

1—木盒；2—固定木盒用木螺钉；3—灯管；4—固定圆木用木螺钉；5—圆木；6—固定吊盒或法兰用木螺钉；7—法兰；8—吊线；9—通风孔；10—吊链；11—镇流器；12—启辉器；13—启辉器底座；14—瓷夹板；15—筒式铁制荧光灯架；16—灯座

四、灯具安装

1. 安装吊灯

吊灯的安装包括圆木(木台)的安装、吊线盒的安装和灯座的安装三部分。

1) 圆木(木台)的安装方法

在安装位置打孔并预埋木榫或膨胀螺栓后,根据导线截面积在圆木中间钻三个小孔(护套线为明配线时,应在圆木正对护套线的一面用电工刀刻两条可嵌入导线的木槽)；

然后将两根电源线端头分别从两个小孔中穿出；最后用木螺钉通过中间小孔将圆木固定在木榫上，如图 1-48 所示。

2) 吊线盒的安装方法

用螺钉将已从盒底穿出电源线的吊线盒紧固在圆木上；然后将伸出盒底座的线头剥去 20mm 左右绝缘层，弯成接线圈，分别压接在吊线盒的两个接线端子上；再根据灯具高度截取吊线盒与灯头之间的连接线，使其上端接挂线盒内的接线端子，下端接灯头接线端子。为防止接头处承受灯具重力，穿入吊线盒盖的电源线应在离接线端头 50mm 处打一个电工扣。

(a) 在木台上钻孔　　(b) 装上木台

图 1-48　圆木（木台）的安装

3) 灯座的安装方法

拧下螺口灯座的胶木盖，使吊灯线下端穿过灯座盖孔；然后在离导线下端约 30mm 处打一电工扣；再把去除绝缘层的两根导线下端的芯线分别压接在灯座两个接线端子上（火线与中心铜片相连的接线端子连接，零线与螺口相连的接线端子连接）；最后旋上灯座盖。

2. 安装矮脚式电灯

根据灯座的不同，矮脚式电灯分卡口式和螺口式两种，它们的安装方法如下。

1) 卡口矮脚式电灯的安装

卡口矮脚式电灯的安装方法如图 1-49 所示。首先安装圆木或木台（与吊灯木台安装方法相同）；然后把从木台穿出的两个线头分别接到灯头的两个接线端子上；再用三枚螺钉把卡口矮脚式灯头底座安装在木台上；最后装上灯罩和灯泡。

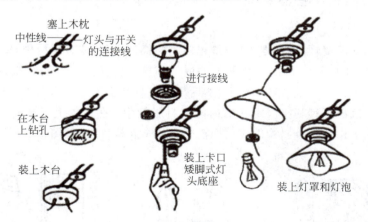

图 1-49　卡口矮脚式电灯的安装

2) 螺口矮脚式电灯的安装

除接线以外，螺口矮脚式电灯的安装方法与卡口矮脚式电灯的安装基本相同。螺口矮脚式灯头接线时，应注意中性线要与跟螺旋套相连的接线端子连接，灯头与开关的连接

(即开关的相线)要与跟中心铜片相连的接线端子连接,否则装卸灯泡时易发生触电事故。

3. 安装吸顶灯

吸顶灯的安装方法有过渡板式安装法和底盘式安装法两种。

1)过渡板式安装法

过渡板式安装法就是用膨胀螺栓将过渡板固定在顶棚安装位置;然后安装底盘元件并将电源线由引线孔穿出;再用一根铁丝穿过底盘安装孔,顶在过渡板的螺栓端部,托住底盘沿铁丝对准安装螺栓;最后上好螺母,如图 1-50 所示。

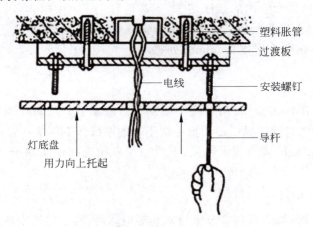

图 1-50 吸顶灯的过渡板式安装

2)底盘式安装法

底盘式安装法就是用木螺钉直接将吸顶灯的底座固定在预埋于天花板内的木砖上。直径大于 100mm 的灯座,需要用 2~3 只木螺钉固定。

4. 安装壁灯

在砖墙上安装壁灯,应预埋木砖(禁止用木楔代替木砖)或金属构件,壁灯下沿距地面的高度以 1.8~2.0m 为宜,同一墙面上的壁灯高度应保持一致。明线敷设时,先将塑料圆台或木台固定在木砖或金属构件上,然后再将灯具基座固定在木台上;暗线敷设时,可用膨胀螺栓直接将灯具基座固定在墙内的塑料胀管中;在柱子上安装时,可将灯具基座直接安装在柱子预埋的金属构件或用抱箍固定的金属构件上,如图 1-51 所示。

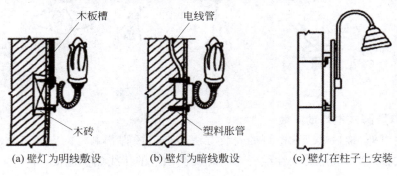

(a)壁灯为明线敷设　　(b)壁灯为暗线敷设　　(c)壁灯在柱子上安装

图 1-51 壁灯的安装

5. 安装两地控制一盏灯

两地控制一盏灯简称两控一灯,安装使用的开关为双联开关。该开关的三个接线端子,两个用于连接静触点,另一个用于连接动触点(称为共用端)。双联开关控制白炽灯,一个开关的共用端(动触点)与电源的相线连接,另一个开关的共用端与灯座的任一接线端连接(采用螺口灯座时,共用端与灯座中心触点的接线端子相连,灯座的另一个接线端子与电源的中性线相连),两个开关的静触点接线端分别与两根导线连接,如图1-52所示。

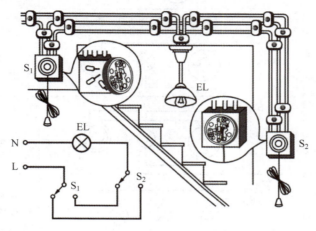

图1-52 双联开关两地控制一盏灯的安装

6. 安装花灯

大型装饰性灯具的安装,需要在顶板上预埋吊钩,预埋的吊钩应使用金属胀管固定;较重的花灯还应对顶板进行加固。花灯的安装方法如图1-53所示。

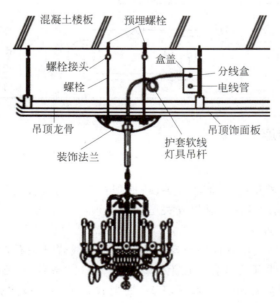

图1-53 花灯的安装

常用照明线路控制接线见表 1-23。

表 1-23　常用照明线路控制接线

项目	线路名称	接线图	说明
1	单联开关控制一盏灯	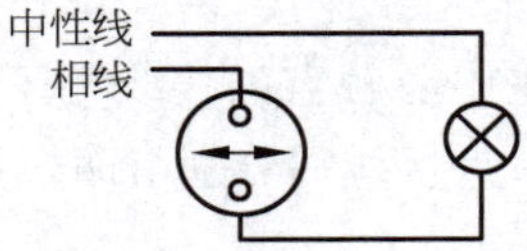	单联开关安装在相线上
2	单联开关控制一盏灯和插座		线路接头工艺复杂，有引发火灾的危险，用线较少 / 线路无接头，安全，用线较多
3	单联开关控制多盏灯	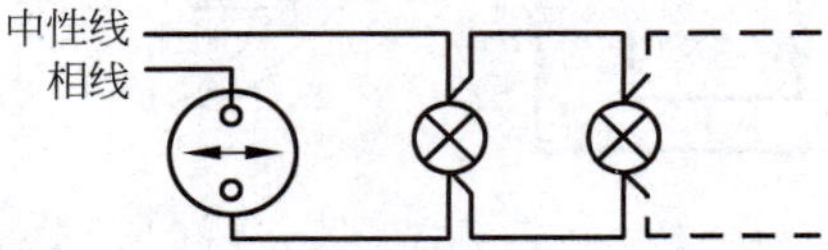	单联开关控制多盏灯的接线如图中虚线所示，接线前应考虑开关的容量
4	两个单联开关控制两盏灯	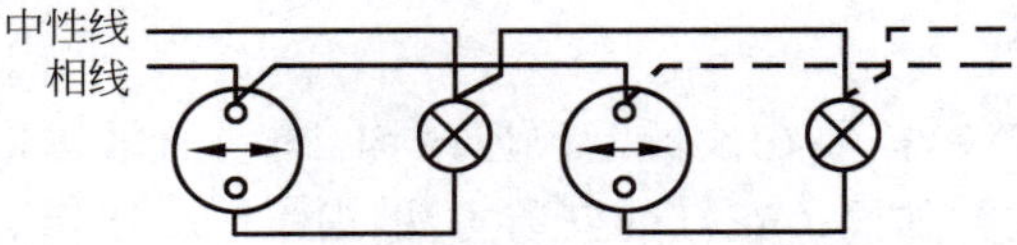	多个单联开关控制多盏灯的接线如图中虚线所示
5	两个双联开关两地控制一盏灯	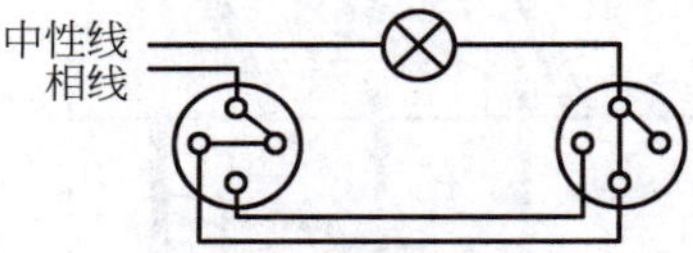	该线路又称楼梯电灯控制线路，可用于需要对楼上、楼下电灯进行同时控制或在走廊两端能同时控制电灯的场合

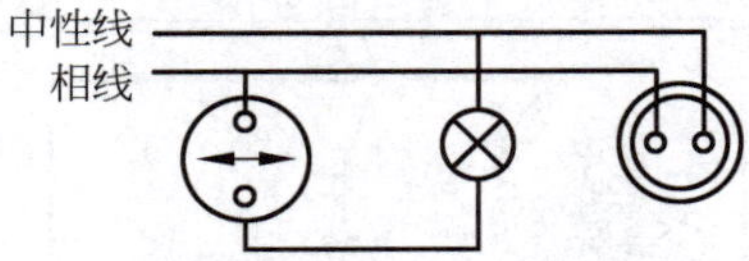

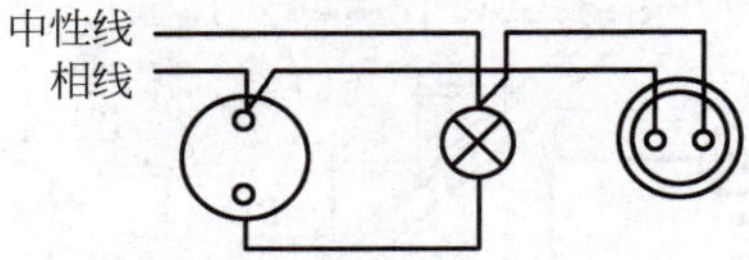

五、开关和插座

1. 开关

开关可分为拉线式开关、扳把式开关、暗扳把式开关和跷板式开关，根据施工场所的不同，应合理选择不同的开关。常用开关见表 1-24。

1) 开关的安装位置

开关通常安装在门旁或其他便于操作的地方。拉线式开关距地面高度为 2~3m（若室内净高低于 3m，拉线开关可安装在距天花板 0.2~0.3m 处）；扳把式开关或跷板式开关距地面高度应不低于 1.3m；拉线式开关、扳把式开关和跷板式开关与门框的距离以 150~200mm 为宜。

表 1-24　常用开关

名称	外形	名称	常用型号	外形
拉线开关		暗装单联单控开关	86K11-6	
平开关		暗装防溅型单联开关	86K11F10	
防水式拉线开关		暗装双联单控开关	86K21-6	
台灯开关		暗装带指示灯防溅型单联开关	86K11FD10	

2) 开关的安装方法

(1) 拉线式开关的安装。

安装拉线式开关应选用绝缘木台或塑料台作固定板,电线从木台或塑料台内部上穿引入接线开关;来电线接入拉线开关的静触点接线端;明装拉线开关拉线口垂直向下,防止接线与开关底座发生摩擦,出现接线磨损和断裂的现象。

(2) 暗扳把式开关的安装。

暗扳把式开关必须安装在铁皮开关盒内;电源相线接到开关的静触点接线端,灯具的导线接到开关的动触点接线端。接线时,应注意扳把向上开灯,向下关灯,开关连同支承架固定在预埋墙内的铁皮盒中。安装时,应注意扳把上的白点朝下,放正扳把且不卡在盖板时,才能盖好开关盖板,最后用螺栓将盖板固定牢固,使盖板紧贴建筑物表面。

(3) 跷板式开关的安装。

跷板式开关及其配套的开关盒应一起安装。接线时,应使开关控制相线,然后根据跷板或面板上的标志确定面板的装置方向,即跷板上部按下时,开关处于合闸的位置;跷板下部按下时,开关处于断开位置。

(4) 声光双控照明楼梯延时灯开关的安装。

声光双控照明延时灯的灯泡应选用 60W 以下的白炽灯,其广泛应用于楼梯和走廊照明,白天自动关闭,夜间根据脚步声或谈话声可使白炽灯自动点亮并延时 30s,然后白炽灯会自动熄灭。

声光双控照明楼梯延时灯开关一般安装在走廊或楼梯正面的墙壁上,与所控制的白炽灯保持较近的距离。安装时,应将开关固定在预埋墙内的接线盒内;开关对外的两根引出线,要与所控制的白炽灯串联并接到220V交流电源上;开关盖板应端正且紧贴墙面。

2．插座

插座的种类繁多,按用途可分为民用插座、工业用插座、防水插座、普通插座、电源插座和电脑插座等多种类型。常用插座有双孔、三孔和四孔三种,其结构如图1-54所示,常用插座见表1-25。

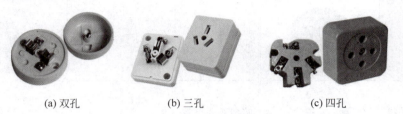

(a) 双孔　　　　　(b) 三孔　　　　　(c) 四孔

图 1-54　常用插座结构

表 1-25　常用插座

名　称	常用型号	外　形	名　称	常用型号	外　形
单相圆形两孔插座	YZM12-10		带开关单相两孔插座	ZM12-TK6	
单相矩形三孔插座	ZM13-10 ZM13-20		暗式通用两孔插座	86Z12T10	
带指示灯、开关暗式三孔插座	86Z13KD10		三相四孔插座	ZM14-15 ZM14-25	
单相矩形两孔插座	ZM12-0		暗式通用五孔插座	86Z223-10	
双联单相两孔、三孔插座	ZM223-10		防溅暗式三孔插座	86Z13F10	

1) 插座类型的选择

单相双孔扁极插座和单相三孔扁极插座多用于家庭。其中,单相双孔插座适用于不需要接地保护的电器,如电视机、计算机、音响、灯具、排气扇等;单相三孔插座适用于需要接地保护的电器,如冰箱、洗衣机、空调器、电风扇等。用电设备较多的室内,可根据用电器的不同需求,选用多联插座,如单相三孔插座带一个或两个双孔通用插座;安全性要求较高的地方,可采用只有当插头两极同时插入或接地极插头先进入时才能打开保护门的安全型插座;电视插座应选用带开关的扁圆两用插座,从而延长电视机自身开关的使用寿命;厨房、卫生间等较潮湿的场所应安装有罩盖的防溅射型插座,防止水滴进入插孔。

三相插座是为三相用电设备提供便捷电源的简单装置,能提供 380V 交流电。三相三孔插座适用于电源电压为 380V 及具有控制和一般保护的单相移动用电器具或电源有分合指示的单相移动用电器具,如电焊机等;三相四孔插座适用于具有控制和一般保护及 0.5kW 以下的小型三相移动用电器具或较大功率的并要求有电源分合指示的三相移动用电器具,如电焊机或电烘箱等;三相五孔插座适用于三相五线制电器具(TT 系统及 TN-S 系统设备),如移动电器、柜式空调、服装和制鞋电机等大功率连接。

2) 插座额定电流的选择

选择的插座额定电流应依据负载电流的大小,通常为负载电流的 2 倍。插座的额定电流分双孔或三孔的 10A、16A 以及四孔 25A 等多种规格,10A 插座的接线端子能可靠地连接一根或两根 $1\sim2.5mm^2$ 导线;16A 插座的接线端子能可靠地连接一根或两根 $1.5\sim4mm^2$ 导线;25A 插座的接线端子能可靠地连接一根或两根 $2.5\sim6mm^2$ 导线。

普通家用电器应选用额定电流为 10A 的插座;空调器、电炉、电热水器等大功率负载宜选用额定电流为 16A 以上的插座。

3) 插座安装规定和要求

依据《建筑工程施工质量验收统一标准》(GB 50300—2001)和《建筑电气工程施工质量验收规范》(GB 50303—2002),插座安装的规定和要求如下。

(1) 暗装和工业用插座距地面不应低于 30cm。

(2) 儿童活动场所采用的安全插座,安装高度不低于 1.8m。

(3) 同一室内安装的插座高度差不大于 5m;成排安装的插座高度差不大于 2m。

(4) 暗装的插座应有专用盒,盖板应端正严密并与墙面平。

(5) 落地插座应有保护盖板。

(6) 在特别潮湿和有易燃、易爆气体及粉尘的场所不应装设插座。

(7) 双孔插座的双孔应水平并列安装,三孔和四孔插座的接地孔(较粗的一个孔)必须放置在顶部位置。

(8) 同一木台上的多个插座,电压和相数相同的,应选用同一结构形式的插座,电压和相数不同的,应选用具有明显区别的插座,并应标明电压。

(9) 装有开关、熔断器和指示灯的木台(或配电箱)上,每路插座应与其控制和保护的电器在同一条直线上。

(10) 插座接电源引线时,应充分考虑三相电源的负载平衡,禁止把几个插座集中在某一相或两相电源干线上。

4) 插座接线方式

(1) 单相两孔插座有横装和竖装两种。横装时,面对插座的右孔接相线,左孔接中性线;竖装时,面对插座的上孔接相线,下孔接中性线,如图 1-55 所示。

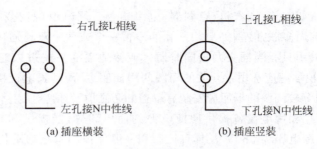

图 1-55 单相两孔插座接线

（2）单相三孔及三相四孔插座接线，保护接地线应接在上方，如图 1-56 所示。

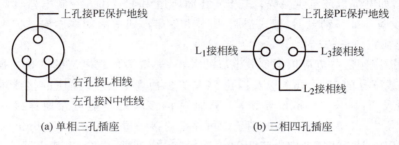

图 1-56 单相三孔及三相四孔插座接线

（3）交、直流或不同电压的插座安装在同一场所时，应有明显区别，且插头与插座应配套，不能代用。

（4）插座箱有多个插座导线连接时，不允许拱头连接，应采用 IC 型压接帽压接总头后，再进行分支连接。

5）插座的安装方法

（1）插座的明装。

从盒内甩出的导线由塑料（木）台的出线孔穿出后，将塑料（木）台紧贴墙面固定在木砖上（若为明配线，木台的隐线槽应顺对导线的方向），用螺钉固定；然后将甩出的线从孔中穿出，按接线要求压牢；再将插座贴于塑料（木）台上，对中找正，用木螺钉固定；最后盖好盖板。

（2）三孔插座的暗装。

在已预埋导线的安装位置按暗盒的大小凿孔，凿出导线管的走向槽，并使管中导线穿过暗盒；然后将暗盒放入预留孔，导线管放入走向槽，用水泥沙浆填充固定；再将已埋入墙中露出的导线剖削去约 15mm 的绝缘层，与插座接线端相连；最后盖上插座，拧紧螺钉，如图 1-57 所示。

（3）双孔移动式插座的安装。

先在双股软线的一端连接好二极插头，拆开双孔移动式插座的接线板；然后剖削双股软线另一端的绝缘层，从进线口进入接线板，并与其接线端子相连；再按原样放置好铜片，有压紧弹簧的安好弹簧，检查；最后装好接线板盖，旋紧固定螺钉。双孔移动式插座结构如图 1-58 所示。

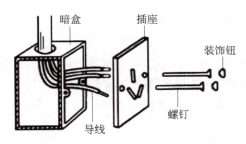

图 1-57 三孔插座的安装

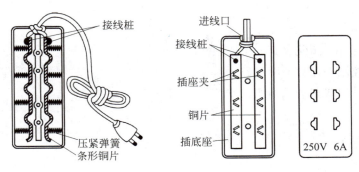

图 1-58 双孔移动式插座结构

(4) 三孔带地线移动式插座的安装。

在三芯护套线的一端连接三极插头(护套线的绿/黄双色或黑色芯线应与插头地线接线端相连);然后拆开带地线的移动式插座的接线板,剖削三芯护套线另一端的绝缘层,从进线口进入接线板,并与其相应的接线端子相连(连接插头地线的绿/黄双色或黑色芯线应与接线板中间的地线接线端相连,连接插头零线接线端的芯线应与接线板左边的零线接线端相连,连接插头相线接线端的芯线应与接线板右边的相线接线端相连);检查后,盖好接线板盖,对齐;最后旋紧固定螺钉。

文件名称:常用照明光源及设计标准
文件类型:DOCX
文件大小:76.5KB

1. 训练目的

(1) 熟悉常用照明灯具的选择。

(2)掌握照明安装常用灯具组装方法。
(3)掌握照明安装常用灯具安装方法。
(4)掌握开关和插座的接线和安装方法。
(5)培养学生分析问题、解决问题的能力。
(6)提高学生动手操作能力和团队协作意识。

2. 训练器材

荧光灯灯具、白炽灯、平口灯座、双控开关、三孔插头、移动式接线板、导线、常用电工工具等。

3. 训练内容

(1)荧光灯灯具组装。
(2)两地控制一盏灯照明线路安装。
(3)三孔带地线移动式插座的安装。

任务考核评价见表 1-26。

表 1-26 任务考核评价

考核内容		评价标准	分值	自评	小组互评	教师评价
荧光灯灯具组装	吸顶式安装	(1)安装材料规格不正确,每处扣 3 分; (2)安装方法不正确,每处扣 5 分	40			
	吊链式安装	(1)安装材料规格不正确,每处扣 3 分; (2)安装方法不正确,每处扣 5 分				
两地控制一盏灯照明线路安装		(1)开关接线不正确,扣 10 分; (2)灯头接线不正确,扣 10 分; (3)线路接线不正确,每处扣 5 分	35			
三孔带地线移动式插座的安装		(1)插头接线不正确,扣 5 分; (2)移动式接线板接线不正确,扣 5 分	15			
常用电工工具使用		工具使用不合理,扣 5 分	5			
文明生产		(1)不服从指挥、违反安全操作规程,扣 2 分; (2)破坏仪器设备、浪费材料,扣 5 分	5			
总 分			100			

(1)照明方式是如何分类的?
(2)常用的照明灯具附件有哪些?

(3) 简述吊灯的安装方法。
(4) 简述矮脚式电灯的安装方法。
(5) 简述吸顶灯的组装及安装方法。
(6) 简述壁灯的组装及安装方法。
(7) 简述常用开关的安装方法。
(8) 插座的安装有哪些规定和要求?
(9) 试画出单相二孔和三孔、三相四孔插座的接线方式。

任务1.4 认识室内照明线路的配线方式

学习任务

(1) 了解室内照明线路配线的类型和方式。
(2) 掌握室内照明线路的敷设方法。
(3) 掌握常用室内照明线路配线方法。
(4) 能独立进行室内照明工程配线施工。

知识链接

电能的输送需要传输导线,导线的布置和固定称为配线或敷设。根据建筑物的性质、要求、用电设备的分布及环境特征的不同,配线或敷设的方式也不尽相同。敷设在建筑物内的配线,统称室内配线,也称室内配线工程。民用建筑的室内配线以照明线路配线和插座配线为主,工业建筑的室内配线以照明线路配线和动力配线为主。

一、室内照明线路配线基础

1. 室内照明线路配线的类型和方式

1) 室内照明线路配线类型

室内照明线路配线是为用电设备敷设供电和控制线路,分明敷和暗敷两种。明敷是指导线沿墙壁、天花板、横梁等表面敷设的安装方法,要求横平竖直、整齐美观;暗敷是指导线穿管埋设于墙内、地下或顶棚内的安装方法,要求管路短、弯曲少,易于穿线。

2) 室内照明线路配线方式

室内照明线路配线有低压绝缘子明敷配线、线管配线、槽板及线槽配线、电缆桥架配线、瓷夹板配线、钢索配线和护套线配线等多种方式。其中,线管配线、护套线配线和槽板配线是常用的照明线路配线方式,如图1-59所示。

2. 室内照明线路配线的技术要求

室内照明线路配线应在确保电能传送安全可靠的前提下,线路布局合理、整齐、安装

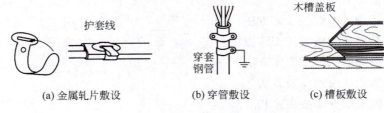

图 1-59　室内照明线路配线方式

牢固、符合规程,其技术要求如下。

(1) 所用绝缘导线的额定电压应大于线路的工作电压,导线的截面应满足线路额定电流的需求(家用照明线路以选用 2.5mm² 的铝芯绝缘导线或 1.5mm² 的铜芯绝缘导线为宜);照明线应与动力线分开敷设。

(2) 配线时应避免出现导线接头,且穿管敷设时不允许有接头。若必须有接头时,应采用压接或焊接的方法,将导线接头放在接线盒内。

(3) 配线应采用水平或垂直敷设。水平敷设时,导线距地面不低于 2.5m,垂直敷设时,导线距地面不低于 1.8m。

(4) 穿过楼板的导线应穿钢管保护,钢管的长度为楼板厚度加上 2m;穿墙或过墙的导线应穿瓷管或塑料管保护,瓷管或塑料管两端的出线口应伸出墙面不小于 10mm 或在墙外部制作有向下的弯头,防止雨水流入。

(5) 为确保安全用电,严禁把地线作为中性线使用;导线敷设时应与其他管线保持 0.1~3m 的距离,且照明线必须与动力线分开敷设;线路的分支处或导线截面减小的地方应安装熔断器;导线交叉处应套上塑料管,防止碰线。

3. 室内照明线路配线工序

(1) 按设计图纸确定灯具、插座、开关、配电箱等设备的位置。

(2) 沿建筑物确定导线敷设的路径、穿过墙壁和楼板的位置。

(3) 室内装修涂灰前,应在配线所需的固定点打好孔眼,预埋绕有铁丝的木螺钉、螺栓或木砖。

(4) 装设绝缘支持物、线夹或线管。

(5) 敷设导线。

(6) 进行导线的分支、连接和封端,并将导线的出线接头与用电设备连接。

二、室内照明线路敷设方法

1. 电线管敷设

1) 电线管敷设的一般规定

(1) 敷设在多尘或潮湿场所的电线保护管,管口及其各连接处均应密封。

(2) 线路暗敷时,电线保护管宜沿最近的路线敷设,并尽量减少弯曲;埋设的电线保护管与建筑物、构筑物表面的距离不应小于 15mm。

(3) 进入落地式配电箱的电线保护管应排列整齐,管口宜高出配电箱基础面 50~80mm。

(4) 电线保护管不宜穿过设备或建筑物、构筑物的基础,必须穿过时,应采取保护措施。

(5) 电线保护管的弯曲处,不应有折皱、凹陷和裂缝,弯扁程度不应大于管外径的 10%。

2) 电线保护管的弯曲半径

电线管敷设时,电线保护管的弯曲半径不应小于管外径的 6 倍。线路明敷时,若两个接线盒间只有一个弯曲,则弯曲半径不应小于管外径的 4 倍;线路暗敷时,埋设于地下或混凝土内的电线保护管,弯曲半径不应小于管外径的 10 倍。

3) 电线管敷设注意事项

(1) 当电线保护管长度每超过 30m 且无弯曲、或管长度每超过 20m 且有一个弯曲、或管长度每超过 15m 且有二个弯曲,或管长度每超过 8m 且有三个弯曲时,应增设便于穿线的接线盒或拉线盒。

(2) 垂直敷设的电线保护管,当管内导线截面不大于 50mm² 且长度每超过 30m,或管内导线截面为 70~95mm² 且长度每超过 20m,或管内导线截面为 120~240mm² 且长度每超过 18m 时,应增设固定导线用的拉线盒。

(3) 水平或垂直敷设的明敷电线保护管,其水平或垂直安装的允许偏差为 1.5‰,全长偏差不应大于管内径的 $\frac{1}{2}$。

(4) TN-S、TN-C-S 系统中,若金属电线保护管、金属盒(箱)、塑料电线保护管、塑料盒(箱)混合使用,则金属电线保护管和金属盒(箱)应与保护地线(PE 线)有可靠的电气连接。

2. 钢管敷设

1) 钢管的选用

潮湿场所和直埋于地下的电线保护管,应采用厚壁钢管或防液型可挠金属电线保护管;干燥场所的电线保护管宜采用薄壁钢管或可挠金属电线保护管。选用的钢管不应有折扁和裂缝现象,并确保管内无铁屑及毛刺,钢管切断口应平整、光滑。

作为电线保护管的钢管,内壁和外壁均应作防腐处理。埋设于混凝土内的钢管,外壁可不作防腐处理;直埋于土层内的钢管,外壁应涂两遍沥青;使用镀锌钢管时,锌层剥落处应涂防腐漆。对设计时提出的特殊要求,施工中应按设计要求对钢管进行特殊的防腐处理。

2) 钢管间的连接要求

(1) 用螺纹连接钢管时,管端螺纹长度应不小于管接头长度的 $\frac{1}{2}$,且螺纹应外露 2~3 扣,螺纹表面要光滑、无缺损。

(2) 用套管连接钢管时,套管长度应为管外径的 1.5~3 倍,钢管的对接处应位于套管的中心。套管焊接连接时,焊缝应牢固严密;套管用紧定螺钉连接时,螺钉应拧紧,有振动的场所应使用带防松措施的紧定螺钉。

(3) 镀锌钢管和薄壁钢管的连接,应采用螺纹或套管紧定螺钉的连接方法,严禁使用熔焊连接。

(4) 连接处的钢管内表面应平整、光滑。

3) 钢管与盒 (箱) 或设备的连接要求

暗配的黑色钢管与盒 (箱) 应使用焊接进行连接。施工时,管口应高出盒 (箱) 内壁 3~5mm,焊后补涂防腐漆;明配钢管或暗配的镀锌钢管与盒 (箱) 应使用锁紧螺母或护圈帽进行连接,用锁紧螺母固定时,管端螺纹应外露锁紧螺母 2~3 扣。

钢管与设备连接时,管口与地面的距离应大于 200mm。与设备直接连接时,钢管可直接敷设到设备的接线盒内。与设备间接连接时,室内干燥场所,应先在钢管端部增设电线保护软管或可挠金属电线保护管,并将管口包扎紧密,然后引入设备的接线盒;室外或室内潮湿场所,应先在钢管端部增设防水弯头,并在导线上套保护软管,然后将其弯成滴水弧状后,引入设备的接线盒。

4) 钢管的接地连接要求

黑色钢管螺纹连接时,应在连接处的两端焊接跨接地线,也可使用专用接地线卡跨接;镀锌钢管或可挠金属电线保护管的接地连接,应使用专用接地线卡跨接,禁止使用熔焊连接。

钢管敷设施工中还应注意,安装电器的部位都应设置接线盒;明敷钢管应排列整齐、固定点间距均匀;管卡与终端、弯头中点、电气器具或盒 (箱) 边缘的距离为 150~500mm,钢管管卡间的最大距离见表 1-27。

表 1-27 钢管管卡间的最大距离

钢管直径/mm	管卡间最大距离/m		敷设方式
	厚壁钢管	薄壁钢管	
15~20	1.5	1.0	吊架、支架或沿墙敷设
25~32	2.0	1.5	
40~50	2.5	2.0	
65 以上	3.5	—	

3. 金属软管敷设

1) 金属软管的选用

作为钢管与电气设备、器具间的电线保护管,金属软管的长度不应超过 2m。选用的金属软管不应出现退绞、松散或中间接头的现象;与设备、器具连接时,应使用连接处密封性可靠的专用接头;防液型金属软管的连接处应密封良好。

金属软管适宜敷设在不直埋地下或混凝土中,且不易受机械损伤的干燥场所。在特殊场所 (如潮湿环境) 使用金属软管时,应选用带有经过阻燃处理的非金属护套及其配套连接器件的防液型金属软管。

金属软管在使用中应可靠地接地,严禁用作电气设备的接地导体。

2) 金属软管的安装要求

(1) 金属软管的弯曲半径不应小于其外径的 6 倍。

(2) 固定点间距不应大于 1m,管卡与终端、弯头中点的距离以 300mm 为宜。

（3）金属软管与嵌入式灯具或类似器具连接时，末端的固定管卡应安装在自灯具、器具边缘起沿软管的 1m 长处。

4. 塑料管敷设

1）塑料管的选用

用于保护电线的塑料管及其配件由经阻燃处理的材料制成，不能敷设在高温和易受机械损伤的场所，且管外壁应有间距不大于 1m 的连续阻燃标记和制造厂标。选用的塑料管管口应平整、光滑；与管或盒（箱）等器件连接时，应使用插入法，并在连接处的结合面涂专用胶合剂，以确保接口的牢固和密封。

2）塑料管的连接要求

管与管连接时，使用的套管长度应为管外径的 1.5～3 倍，管与管的对口连接处须位于套管的中心；管与器件连接时，管的插入深度以管外径的 1.1～1.8 倍为宜。

3）塑料管敷设的注意事项

（1）沿建筑物、构筑物表面敷设的硬塑料管，应根据设计规定装设温度补偿装置。

（2）穿过楼板等易受机械损伤的明配硬塑料管，应利用钢管进行保护，保护高度与楼板表面的距离应不小于 500mm。

（3）直埋于地下或楼板内的硬塑料管，露出地面易受机械损伤的部分应采取保护措施。

（4）如需将塑料管直埋于现浇混凝土内，浇捣混凝土时须采取防止塑料管发生机械损伤的措施。

（5）塑料管及其配件的敷设、安装和煨弯处理，应在原材料允许的环境温度下进行（以不低于 -15℃ 为宜）。

（6）在砖砌墙体上剔槽敷设的塑料管，应使用强度等级不小于 M10 的水泥砂浆进行抹面保护，且保护层厚度不小于 15mm。

（7）明敷硬塑料管应排列整齐、固定点间距应均匀；管卡与终端、转弯中点、电气器具或盒（箱）边缘的距离为 150～500mm，管卡间最大距离见表 1-28。

表 1-28　硬塑料管管卡间最大距离

硬塑料管内径/mm	管卡间最大距离/m	敷设方式
20 及以下	1.0	吊架、支架或沿墙敷设
25～40	1.5	吊架、支架或沿墙敷设
50 及以上	2.0	吊架、支架或沿墙敷设

5. 塑料护套线敷设

1）塑料护套线的选用

塑料护套线不能直接敷设在抹灰层、吊顶、护墙板、灰幔角落内；受阳光直射的室外场所，也不能明敷塑料护套线。与接地导体或不发热管道紧贴交叉的塑料护套线，应加套绝缘保护管；敷设在易受机械损伤场所的塑料护套线，应增设钢管保护。

塑料护套线的弯曲半径应不小于其外径的 3 倍，且弯曲处护套和线芯绝缘层要完整无损；进入接线盒(箱)或与设备、器具连接时,须将塑料护套线的护套层引入接线盒(箱)内或设备、器具内。

2) 塑料护套线敷设注意事项

沿建筑物、构筑物表面明敷的塑料护套线,应确保平直,没有松弛、扭绞和曲折的现象；采用线卡固定时,固定点间距应均匀,距离以 150～200mm 为宜；在塑料护套线进入盒(箱)、设备、器具及其终端、转弯等位置,应装设线卡固定导线,并保持 50～100mm 的距离；导线的接头可装设在盒(箱)或器具内,特殊场所(如多尘或潮湿环境)可装设在密闭式盒(箱)内,并确保盒(箱)配件齐全、固定可靠。

在空心楼板板孔内敷设的塑料护套线或加套塑料护层的绝缘导线,穿入前应清除板孔内的积水、杂物；穿入时以不损伤导线的护套层、便于更换导线为原则；导线的接头应设在盒(箱)内。

三、室内照明线路常用配线方法

1. 线管配线技术

把绝缘导线穿入保护管内敷设,称为线管配线。线管配线适用于照明线路和动力线路配线,具有安全可靠、可避免腐蚀性气体侵蚀和机械损伤、换线方便的优点。线管配线有明敷和暗敷两种,工业与民用建筑中常采用暗敷方式。

1) 线管的选用

线管有金属管和塑料管两种类型,可根据配线环境进行选择。线管管径的选择可根据线管的类型和穿线的根数,见表 1-29；并要求管内导线的总截面积应小于线管内径截面积的 40%。选用的线管不应有裂缝和严重锈蚀,弯扁程度不应大于管外径的 10%；管内光滑、无铁屑和毛刺,切断口应锉平。

表 1-29 单芯导线穿管选择表

线芯截面 /mm²	焊接钢管(管内导线根数)									电线管(管内导线根数)								
	2	3	4	5	6	7	8	9	10	10	9	8	7	6	5	4	3	2
1.5	15	15	15	20	20	20	25	25	25	32	32	32	25	25	25	20	20	20
2.5	15	15	15	20	20	20	25	25	25	32	32	32	25	25	25	20	20	20
4	15	15	20	20	20	25	25	25	32	32	32	32	25	25	25	20	20	20
6	20	20	20	25	25	25	32	32	32	40	40	32	32	32	25	25	20	20
10	20	20	25	25	32	32	40	40	50	50	50	40	40	40	32	32	25	25
16	25	25	32	32	40	40	50	50	50						40	40	32	32
25	32	32	40	40	50	50	70	70	70							40	40	32
35	32	40	40	50	50	50	70	70	80								40	40
70	50	50	50	70	70	70	80	80	80									
95	50	50	70	70	70	80	80	80										
120	70	70	70	80	80	80												
150	70	70	70	80	80													
185	70	70	80	80														

2) 线管的加工

配线工程施工中,线管加工包括线管的切割、弯曲和套丝等。不同管材的加工方法和要求各有不同。

(1) 线管的切割

线管配线施工要求尽量减少连接接口。在两个接线盒之间,应先根据线路直线、转角等情况确定线管的长度及弯曲部位,然后进行切割。

大批量钢管应使用型钢切割机(无齿锯)切割;少量钢管可以使用钢锯或割管器(管子割刀)切割;禁止使用电、气焊切割钢管。硬质塑料管的切割常使用钢锯条;硬质 PVC 塑料管应使用配套供应的专用截管器,边转动管子边进行截剪,刀口切入管壁后,停止转动 PVC 管以确保切口平整,然后继续截剪,直到管子切断。

(2) 线管的弯曲

线管的弯曲分冷煨和热煨两种。直径小于 25mm 的小批量钢管,可使用弯管器进行冷煨弯形,弯管器应根据管子的直径选用。冷煨弯形时,要将弯管器套在管子需要弯曲的部位(弯点);然后用脚踩住管子,扳动弯管器手柄并加力,使管子略有弯曲;再逐点向后移动弯管器,并重复之前的动作,直到管子弯成所需的弯曲半径和角度,如图 1-60 所示。弯形的角度要求是,明敷时线管的曲率半径 $R \geqslant 4D$(D 为导线直径);暗敷时,线管的曲率半径 $R \geqslant 6D$,且 $\theta \geqslant 90°$。

(a) 用弯管器弯形　　　　(b) 线管的弯度

图 1-60　线管的冷煨弯形及弯度

直径大于 25mm 的镀锌钢管,用火加热煨弯时,应先在管内灌满干沙并将管的两端用木塞塞上;然后放在烘炉或焦炭焰上加热;最后在模具上弯形。也可以使用气焊先预热弯曲部分,然后从弯点开始边加热边弯曲,直到所需角度。有缝钢管热煨弯形时,焊缝一定要放在弯形的侧边,加热时不断旋转管子,使弯形部位受热均匀,直到钢管呈红色时再进行弯形。如图 1-61 所示,钢管在圆钢桩之间进行热煨弯形,其他部位可通过冷水冷却定型。

除硬质 PVC 塑料管可利用弯管弹簧进行冷煨弯形外,其他硬质塑料管弯形时,先用电炉或喷灯对弯形部位进行间接加热,使加热部位受热均匀;管子软化到容易弯形时,再缓慢弯曲并不断加热;直到弯曲成形,最后进行整形。整形要用力均匀,防止管子发瘪。

照明线路安装与检修

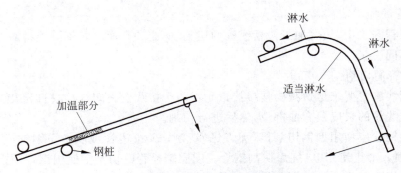

图 1-61 钢管的热煨弯形

弯管时应注意,明敷塑料管的曲率半径应大于其外径的 6 倍;暗敷塑料管的曲率半径应大于其外径的 10 倍。

(3) 线管的套丝

配线工程施工中,管子和管子的连接、管子和器具以及接线盒的连接,都需要在管子端部进行套丝。钢管可用管子绞板套丝;硬质塑料管可用圆丝板套丝。钢管套丝时,应先将管子固定在虎钳上;然后把绞板套在管子端部,调整绞板的活动刻度盘使板牙与需要的距离相符,调整绞板的支承脚使其紧贴管子;最后手握绞板手柄,平稳向里推进并顺时针转动。

3) 线管的连接

配线工程施工中,线管的连接包括线管与线管、线管与接线盒(箱)等的连接。钢管与钢管常采用管箍进行连接,连接前应先在螺纹部分缠绕塑料软带或麻丝,然后再用管钳拧紧;钢管与接线盒(箱)连接时,应在接线盒的内、外各拧一个薄型螺母夹住盒壁;硬质塑料管的连接,常采用插接法和套接法。插接法是指先对两根线管分别进行内倒角和外倒角,然后将插管插入部分涂上粘合剂,并加热软化套管插接段再进行插接,插接深度通常为线管直径的 1.5～2 倍。套接法是指先在两根连接管端头 2 倍管径部分涂上粘合剂,再将两管相向插入套箍,使其在套箍中间位置结合的连接。线管的不同连接方式如图 1-62 所示。

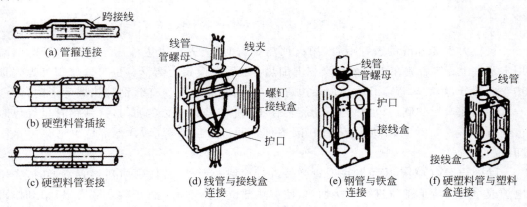

图 1-62 线管的连接方式

4）线管的敷设

线管敷设俗称配管，有明敷和暗敷两种，工程上以暗敷为主。常见的配管有钢管、电线管和普利卡金属可挠性软管等。

（1）线管明敷

线管明敷适用于室内照明线路和动力线路，线管进入接线盒（箱）、插座、穿越楼板、与其他线路连接以及线管弯头两边，都要使用管卡固定，如图1-63所示。明敷时，相邻管卡在线管直线部分的间距不大于规定值，线管直线部分管卡间最大允许距离见表1-30。

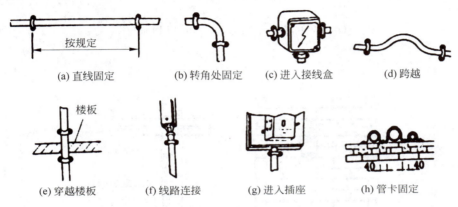

图1-63 管卡固定线管方法

表1-30 线管直线部分管卡间最大允许距离　　　　单位：mm

管壁厚度	钢管				敷设方向	硬质塑料管		
	钢管标称直径					硬质塑料管标称直径		
	12～20	25～32	40～50	70～80		20及以下	25～40	50及以上
2.5及以上	150	200	250	350	垂直	100	150	200
2.5以下	100	150	200	—	水平	80	120	150

线管进入接线盒（箱）时，线管应与接线盒保持平行；遇有需要线管弯曲的施工位置，应使线管平滑弯曲，如图1-64所示。

（2）线管暗敷

线管暗敷适用于室内照明线路和动力线路，暗敷的线管需要在施工前预埋在墙内或楼板地坪内，并确保便于穿线和运行后的维修。暗敷施工中，应先确定线管的长度和接线盒的位置并进行预埋（预埋的线管内已穿入开关盒或接线盒，且不能落入杂物）；再用螺母固定接线盒或开关盒，使其装上面板后与墙面平行。砖墙线管暗敷方法如图1-65所示。

5）清管穿线

清管是将压缩空气吹入线管或用钢丝绑上抹布在管内来回拉几次，清除管内的杂物并吹入滑石粉。钢管清管前，要在管口套上护圈；硬质塑料管清管前，要用刃具使管口平滑，以避免损伤绝缘导线，如图1-66所示。

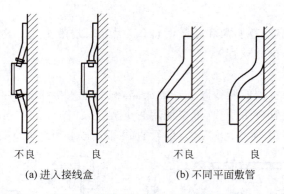

图 1-64　线管进入接线盒及弯曲情况

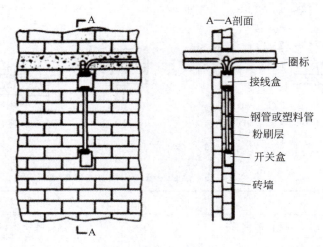

图 1-65　砖墙暗敷线管方法

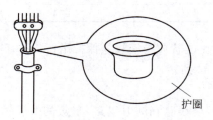

图 1-66　钢管的管口处理

　　穿线是指导线穿入两个接线盒间的线管。穿线时，先根据相邻接线盒间的长度及预留余量截取导线，剖削绝缘层并在同一根导线两端做相同标记（可用钢丝钳轻切刀痕）；然后将要穿入同一线管的导线与引穿钢丝缠绕绑好，如图 1-67 所示；再穿入引穿钢丝（线管较短且弯头较少时，钢丝头部弯成小圆圈后，由线管一端穿向另一端；线管较长且弯头较多时，可将钢丝头部弯成小圆钩，从线管两端同时穿入，直到在线管内相遇，再用手转动钢丝使其钩在一起，并拉出较长的一根）；最后一人在管口的一端用手或钢丝钳抽拉钢丝引线，另一个人在另一端整理导线并送入线管，如图 1-68 所示。

图 1-67　导线与引穿钢丝的连接

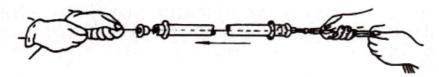

图 1-68　导线穿入线管的方法

6）线管配线施工注意事项

（1）配线导线的绝缘强度应大于 500V，铜芯线截面不小于 $1mm^2$，铝芯线截面不小于 $1.5mm^2$。

（2）线管内不应有接头及损伤后再恢复绝缘的导线。

（3）配线时需要加装接线盒的线管条件为：无转角且长度超过 45mm 的线管；有 1 个转角且长度超过 30mm 的线管；有 2 个转角且长度超过 20mm 的线管，有 3 个以上转角且长度超过 12mm 的线管。

（4）暗敷时，线管中间以无接头为宜，线管外径超过水泥构筑物厚度的 $\frac{1}{3}$ 时，应采用明敷线管。

（5）明敷线管应伸入出线板木台 25mm，暗敷线管应伸入出线板木台 10mm。

（6）钢管配线应可靠接地，当钢管接头或钢管与接线盒（箱）连接时，应使用直径为 6～10mm 的圆钢跨接线焊牢。

2. 护套线配线技术

塑料护套线是一种将双芯或多芯绝缘导线并在一起，外加塑料外护层的双绝缘导线，具有防潮、耐酸、耐腐蚀及安装方便等优点，广泛用于室内照明线路。敷设在建筑物表面时，可用铝片线卡或塑料线卡作为支撑物（跨度较大时也可使用绝缘子支撑）；用于穿管暗敷或槽板明敷时，其配线安装方法如图 1-69 所示。

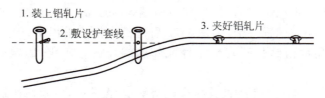

图 1-69　塑料护套线配线安装

1) 护套线配线施工步骤

(1) 定位画线。塑料护套线施工定位指确定灯具、开关、插座等电器的安装位置、确定导线敷设的位置、确定导线穿墙和楼板的钻孔位置以及确定导线转角的位置等。定位之后用粉笔或尺子画线,确定线卡的固定点。通常情况下,直线固定点间隔为150~200mm,在转角两边或距开关、插座、灯具的50~100mm处应设置固定点。

(2) 放线。放线时,应先将整圈护套线套入双手,再将线拉出或转动线圈放线,注意不能搞乱线圈。

(3) 固定线卡。护套线配线施工中,采用的线卡为铝片线卡(也叫钢轧头)。根据固定点建筑物结构的不同,线卡的固定可分别采用钢钉直接钉牢、预埋木榫、冲击钻打孔安装木榫、环氧树脂粘贴等方法。其中,用水泥钢钉直接钉牢的方法固定铝片线卡或塑料线卡,便于施工,适用于木质结构、涂灰层的墙面;在混凝土结构上,可用小水泥钉钉牢或环氧树脂粘接线卡。

(4) 敷设护套线。护套线的敷设应确保平直,可在直线部分的两端各装一副瓷夹板。敷线时,先把护套线一端固定在瓷夹内;然后拉直并在另一端收紧护套后固定在另一副瓷夹中;最后把护套线依次夹入铝片线卡或塑料线卡中。护套线转弯时应成小弧形,不能用力扭成直角。

(5) 铝片线卡的夹持。铝片线卡收紧并紧箍护套线方法如图1-70所示。

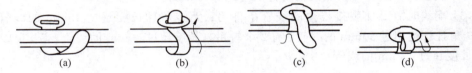

图1-70 铝片线卡的夹持

2) 护套线配线施工注意事项

(1) 护套线配线时,铜芯线截面应大于 $0.5mm^2$,铝芯线截面应大于 $1.5mm^2$。

(2) 线路中,线与线的连接必须通过瓷接头或其他电器的接线端子。

(3) 转角弯弧半径应大于导线外径的6倍、转角角度大于90°。

(4) 敷设完毕应检查导线是否平直,如不平直,要使用木制器具进行平直处理。

3. 槽板配线技术

槽板配线就是将导线敷设在槽板的线槽内,上部用盖板将导线盖住,适用于室内的明配线路。常用的槽板有木槽板和塑料槽板两种,塑料线槽板敷设示意如图1-71所示。

1) 槽板配线施工步骤

(1) 固定底板。定位画线后,每块底板两端40mm处都应设置一个固定点,其余固定点可每间隔500mm设置一个,如图1-72所示。底板可采用钢钉钉牢固定,墙壁特别坚硬的地方可使用冲击钻打孔安装木榫或膨胀螺栓进行固定,固定时,钢钉要钉在底板中间的槽脊上。

(2) 线槽连接。线槽及附件的连接应严密平整、无缝隙,并紧贴建筑物。槽体固定点最大间距见表1-31。

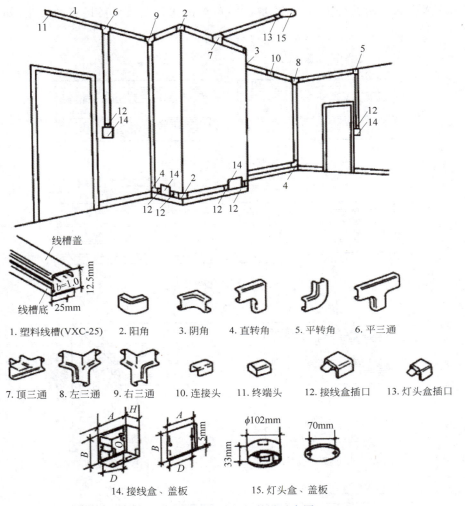

图 1-71 塑料线槽板敷设示意图

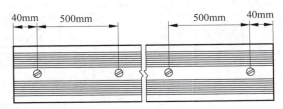

图 1-72 底板的固定方法

表 1-31 槽体固定点最大间距   单位：mm

固定点形式	槽板宽度		
	20~40	60	80~120
中心单列	800	—	—
双列	—	1000	800

底板及盖板的对接分为直线段对接、转角对接和分支接头对接三种方法，如图1-73所示。

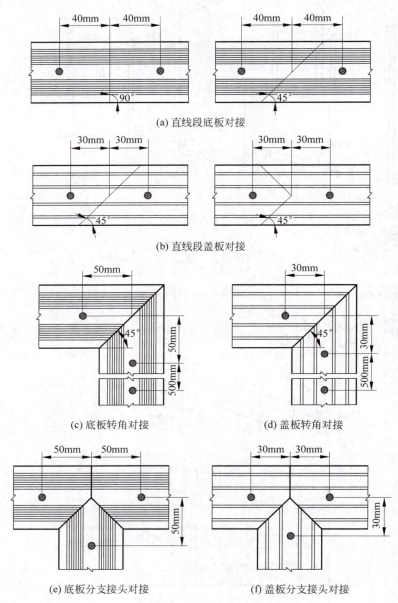

图1-73 底板及盖板的对接方法

底板或盖板在不同平面的转角对接方法如图1-74所示；底板和盖板的拼接如图1-75所示。

45°锯割时，应先将槽板紧贴方木条靠模，再进行锯割，如图1-76所示。

（3）槽内导线敷设。导线敷设前，应确保线槽内、外清洁。导线敷设时，先将导线捋直并盘圈放在线架上，从线槽始端开始敷设（按先干路后支路的原则），边放线边整理，导

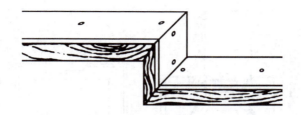

图 1-74 底板或盖板在不同平面的转角对接

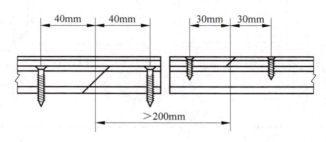

图 1-75 底板和盖板的拼接

线应顺直、没有挤压、背扣、扭结和受损的现象;然后使用尼龙扎带绑扎导线,接线盒处导线的预留长度不超过 150mm。

(4) 固定盖板。导线敷设后,塑料槽板的盖板可直接扣在底板上,木槽板的盖板需要使用钢钉直接钉在底板上,如图 1-77 所示。

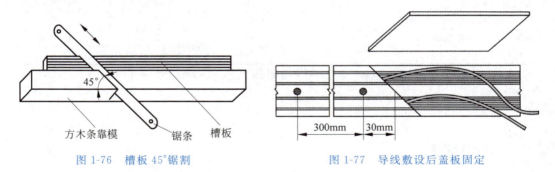

图 1-76 槽板 45°锯割　　　　　图 1-77 导线敷设后盖板固定

(5) 线路检查绝缘摇测。

2) 槽板配线施工注意事项

(1) 槽板配线工程施工中,应使用绝缘导线。

(2) 槽板内导线不能有接头,所有接头应放置在开关、插座或接线盒内。

(3) 在不同平面内转角时,应将槽板锯成 V 形或倒 V 形。

(4) 导线穿墙或过楼板时,应采用穿管配线。

(5) 灯具、开关、插座等使用木台或塑料台时,槽板应伸入木台或塑料台 5～10mm,如图 1-78 所示。

配线工程施工中,无论采用哪种配线技术,都应保证电气线路与管道间的安全距离。电气线路与管道间最小距离见表 1-32。

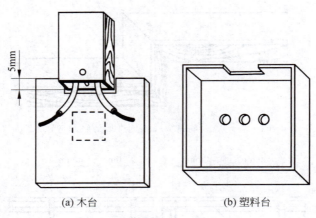

(a) 木台　　　　　(b) 塑料台

图 1-78　槽板伸入木台或塑料台

表 1-32　电气线路与管道间最小距离　　　　单位：mm

管道名称			配线方式		
			穿管配线	绝缘导线明配线	裸导线配线
蒸气管	平行	管道上	1000	1000	1500
		管道下	500	500	1500
	交叉		300	300	1500
暖气管、热水管	平行	管道上	300	300	1500
		管道下	200	200	1500
	交叉		100	100	1500
通风、给排水及压缩空气管	平行		100	200	1500
	交叉		50	100	1500

注：①对蒸气管道，当在管外包隔热层后，上下平行距离可减至200mm；②暖气管、热水管应设隔热层；③裸导线应加装保护网。

文件名称：室内照明线路配线技术
文件类型：DOCX
文件大小：45.3KB

1. 训练目的

（1）熟悉照明工程配线方法。

(2) 掌握金属软管的敷设方法。
(3) 掌握线管配线施工工艺。
(4) 掌握槽板配线施工工艺。
(5) 掌握护套线配线施工工艺。
(6) 培养学生动手操作能力及团队协作意识。

2. 训练器材

实训装置、螺钉旋具、电工刀、剥线钳、尖嘴钳、金属软管、金属管、塑料管、塑料槽板、塑料护套线、单股铜线、木螺钉、钢锯、塑料管弯管器、液压弯管器、穿线钢丝等。

3. 训练内容

(1) 金属软管的加工和安装。
(2) 金属管配线。
(3) 塑料管的加工和安装。
(4) 塑料管配线。
(5) 塑料槽板的加工和安装。
(6) 塑料槽板配线。
(7) 塑料护套线配线。

考核评价

任务考核评价见表1-33。

表1-33 任务考核评价

考核内容	评价标准	分值	自评	小组互评	教师评价
金属软管敷设	(1) 金属软管加工不符合要求,扣5分; (2) 金属软管固定不符合规定,扣5分; (3) 金属软管连接不合理,扣5分	15			
金属管敷设	(1) 金属管弯曲不符合要求,扣5分; (2) 金属管固定不符合规定,扣5分; (3) 金属管连接不合理,扣5分	15			
塑料管敷设	(1) 塑料管弯曲不符合要求,扣5分; (2) 塑料管固定不符合规定,扣5分; (3) 塑料管连接不合理,扣5分	15			
槽板的加工安装	(1) 槽板直线连接方法不正确,扣3分; (2) 槽板转角连接方法不正确,扣3分; (3) 槽板分支连接方法不正确,扣4分; (4) 槽板安装、固定不正确,扣5分	15			

续表

考核内容	评价标准	分值	自评	小组互评	教师评价
配线工艺	(1) 清管方法不正确,扣5分； (2) 穿线方法不正确,扣5分； (3) 槽板配线方法不正确,扣5分； (4) 用电器连接不正确,扣5分	20			
护套线配线	(1) 护套线敷设方法不正确,扣5分； (2) 护套线固定方法不正确,扣5分； (3) 护套线与用电器连接方法不正确,扣5分	15			
文明生产	(1) 不服从指挥、违反安全操作规程,扣2分； (2) 破坏仪器设备、浪费材料,扣5分	5			
总　分		100			

 课后思考

(1) 室内照明配线有哪几种方式？
(2) 简述室内照明配线的工序。
(3) 简述室内照明配线的技术要求。
(4) 简述电线保护管弯曲半径的要求。
(5) 如何进行线管冷煨弯形？
(6) 线管敷设有哪几种方式？
(7) 简述导线穿入线管的方法。
(8) 简述铝片线卡收紧并紧箍护套线方法。

任务1.5　照明线路识读

 学习任务

(1) 了解照明供电线路的种类和组成。
(2) 了解照明配电系统的组成和配电方式。
(3) 了解配电箱的安装位置及出线回路参数要求。
(4) 熟悉照明线路供电配线形式。
(5) 熟悉各种照明设备在照明工程中的图形符号。
(6) 掌握照明设备和线路的标注方法。
(7) 掌握照明供电线路图的识读方法。
(8) 能正确识读照明系统图和照明平面图。

知识链接

电气工程施工图是用统一的图形和文字符号及简要的文字说明来表示建筑中电气设备安装位置、配管配线方式、安装规格、型号、特征及其相互之间联系的一种图样,分为电气系统图、电气平面图、设备布置图、安装详图及设计说明等类型。照明工程是电气工程施工的主要项目之一,由施工说明、主要设备材料表、照明系统图和照明平面图组成,线路的敷设位置和方式、导线的型号、截面和根数、线管的种类及管径、各种用电设备及配电设备的型号和数量、安装方式和相对位置等,都可以通过照明工程图表示出来。

照明系统图是照明工程施工中电气安装的主要图样,能集中反映照明供配电系统各部分的组成及各部分之间的相互关系,采用单线图的形式绘制,图中还标出配电箱、开关、熔断器、导线的型号和规格、保护管径和敷设方式、用电设备名称等。照明平面图是照明工程施工中电气安装的主要依据,能具体地表示线路的平面位置、安装高度、设备和线路的型号、规格、线路的走向、敷设方法和敷设部位。照明配电线路的识读应遵循先粗看后细看、先整体后局部、再细部的原则。

一、照明线路

1. 照明供电线路

通常情况下,照明供电线路分为单相制(220V)和三相四线制(380V/220V)两种。

1) 220V 单相制

220V 单相制交流供电线路由外线路上的一根相线和中性线组成,适宜对电流为 15~20A 的小容量照明负荷供电,如图 1-79 所示。

2) 380V/220V 三相四线制

380V/220V 三相四线制中性点直接接地的交流电源,适用于各相负荷平衡的线路。负荷电流在 30A 以上的大容量照明负荷,可采用这种供电方式。如图 1-80 所示,各单相负荷被平均分配,再分别接到一根相线和中性线之间。

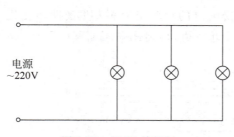

图 1-79　220V 单相制

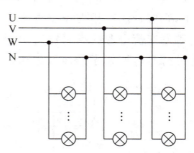

图 1-80　380V/220V 三相四线制

2. 照明线路的组成

最基本的照明线路如图 1-81 所示,图中,室外架空线路电杆到建筑物外墙支架上的线路，称为引下线（又称接户线）；外墙到总配电箱的线路，称为进户线；总配电箱到分配电箱的线路，称为干线；分配电箱到各照明灯具的线路称为支线。

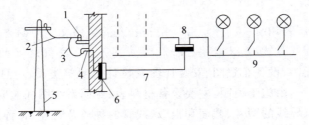

图 1-81　照明线路的组成

1—绝缘子；2—引下线；3—进户线；4—保护管；5—电杆；
6—总配电箱；7—干线；8—分配电箱；9—支线

1）照明干线

照明干线有三种供电方式，即放射式、树干式和混合式，如图 1-82 所示。

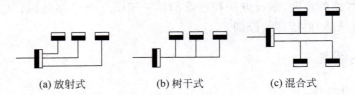

(a) 放射式　　　(b) 树干式　　　(c) 混合式

图 1-82　照明干线的供电方式

2）照明支线

照明支线又称照明回路，是将电能直接传递给用电设备的配电线路。通常情况下，单相支线的长度为 20～30m，三相支线的长度为 60～80m；每相电流不应超过 15A；每一单相支线上所装设的灯具和插座数不应超过 20 个。由于插座的故障率高，对插座数量较多的照明线路，应设插座供电的专用支线，从而提高供电的可靠性。

室内照明支线具有线路较长、转弯和分支较多的特点，敷设施工时，支线截面积以 1.0～4.0mm² 为宜，最大不能超过 6.0mm²；若单相支线电流大于 15A 或截面大于 6.0mm²，则应选用三相支线或两条单相支线供电。

为限制交流电源的频闪效应（电光源随交流电的频率交变而发生的明暗变化），三相支线上的灯具应按相序排列且三相负载应接近平衡，来确保电压偏移的均衡，如图 1-83 所示。

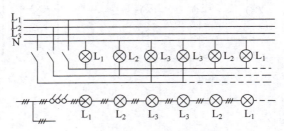

图 1-83　灯具按相序排列

照明线路施工中,支线的布置应遵守以下规定。

(1) 按每相负荷平衡且最大相负荷与最小相负荷的电流差不超过30%,对灯具、插座等用电设备均匀地分组,每一组为一条供电支线。

(2) 单相回路电流不宜超过16A,且采用单一支线供电时,灯具数量不应超过25盏。

(3) 组合灯具的单独支路最大电流不能超过25A,光源数量不应超过60个;建筑物的轮廓灯每一单相支线光源数不应超过100个,且支线应使用铜芯绝缘导线。

(4) 插座应设单独回路,单相独立插座回路所接插座不能超过10组(1个二孔插座和1个三孔插座为一组);同一个房间的插座应由同一回路配电;灯具与插座共支线时,插座数量以不超过5个(组)为宜。

(5) 备用照明、疏散照明回路上不宜设置插座。

(6) 照明支线不能敷设在高温灯具的上部,接入高温灯具的线路应使用耐热导线或者采取其他隔热措施。

(7) 回路中,中性线和接地保护线的截面应与相线截面相同。

3. 照明线路供电配线形式

常用照明供电配线形式如图1-84所示。

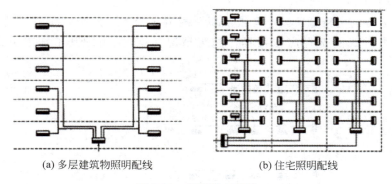

(a) 多层建筑物照明配线　　　　(b) 住宅照明配线

图1-84　照明供电配线

二、照明配电系统

照明配电系统由照明配电箱、熔丝、漏电保护器和小型断路器组成。其中,照明配电箱分立柜式配电箱、明装配电箱和暗装配电箱三种;漏电保护器有电子式和电磁式两种保护形式;小型断路器适用于交流50Hz、额定电压为400V及以下、额定电流为63A及以下的电路,起线路过载和短路保护作用,也可用于正常情况下的线路不频繁操作转换。

1. 常用照明配电系统

1) 住宅照明配电系统

典型的住宅照明配电系统如图1-85所示。图中每个楼梯间作为一单元,先将进户线引至住宅的总配电箱;然后通过放射式供电方式引至每个单元的配电箱;各单元配电箱再采用树干式(或放射式)向每层用户的分配电箱供电。

通常情况下,住宅楼的总配电箱和各单元的配电箱应装设在楼梯公共过道的墙面上;用户分配电箱应装设电能表,便于计算用户的用电量。

2)多层公共建筑照明配电系统

多层公共建筑(如办公楼、教学楼等)照明配电系统如图1-86所示。进户线直接引入多层建筑的传达室或配电间的总配电箱,再由总配电箱采取干线立管式向各楼层分配电箱供电,最后经分配电箱引出支线向各房间的照明及用电设备供电。

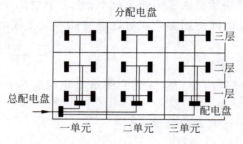 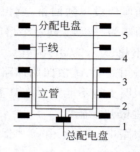

图1-85　住宅照明配电系统　　　　　图1-86　多层公共建筑照明配电系统

2. 照明配电方式

照明配电方式是指低压配电盘或照明总配电盘向各个照明分配电盘进行配电的方式。照明配电方式的选择应依据具体施工情况而定,常用的基本配电方式如图1-87所示。

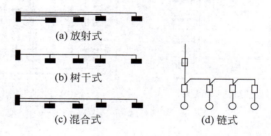

图1-87　照明配电方式

(1)放射式。放射式照明配电常用于重要的负荷,具有各负荷独立受电的优点。当线路发生故障时,不会影响其他回路继续供电,可靠性较高;当回路中电动机启动时,引起的电压波动对其他回路的影响也比较小。放射式照明配电的不足是建设费用较高、有色金属耗量较大。

(2)树干式。与放射式照明配电相比,树干式照明配电的建设费用低,但干线出现故障时影响范围大,可靠性较差。

(3)混合式。混合式照明配电方式是放射式和树干式的综合,兼具两者的优点,广泛应用于电气工程施工中。

(4)链式。链式照明配电与树干式相似,适用于距配电站较远且彼此间相距又较近的不重要的小容量设备,同时链接的设备不应超过3~4台。

电气工程施工中,各类建筑物的照明配电系统常采用上述四种基本方式的组合。

3. 照明配电箱

照明配电系统的主要控制、保护器件都集中安装在配电箱内,电能通过它的分配和保护会传送到各个使用点。照明配电箱应安置在靠近负载中心偏向电源的一侧,并确保便于操作、便于维护、适当兼顾美观。电气工程施工中,立柜式配电箱用于小区主配电系统,是整个小区的供电枢纽,安装时要考虑预留一定的散热空间;明装配电箱一般安装在不宜改动位置的墙体上;暗装配电箱适用于办公室和居民家庭,安装时以不占用房屋地面空间为原则。

照明配电箱内应设置总开关且每个支路应设置保护装置。为了出线方便,每个分配电箱的支路一般不宜超过 9 个;配电箱的控制半径取决于线路的电压损失、负载密度以及配电支线的数目,单相分配电箱的控制半径一般不宜超过 20~30m。

照明配电箱的每个出线回路(一相线一零线)都是直接与灯具相连的照明供电线路。每个出线回路的负载都不应超过 2kW;熔断器不超过 20A;所接灯具不超过 25 只(接入的插座按 60W 考虑,次要场所灯具可增至 30 只);对装有 2 只荧光灯管的灯具,所接灯管不能超过 50 只。

4. 照明配电系统接线

照明配电系统接线图是表示系统接线关系的图纸。常见照明配电系统接线见表 1-34。

表 1-34 常见照明配电系统接线

序号	供电方式	照明配电系统接线图	说明
1	单台变压器系统	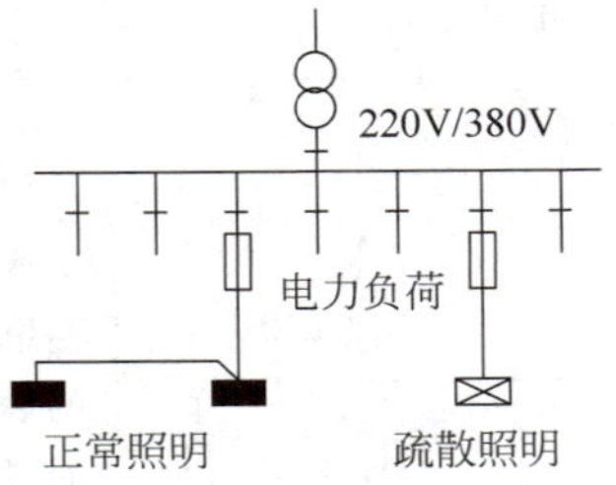	照明与电力负荷在母线上分开供电,疏散照明线路与正常照明线路分开
2	一台变压器及一路备用电源线系统	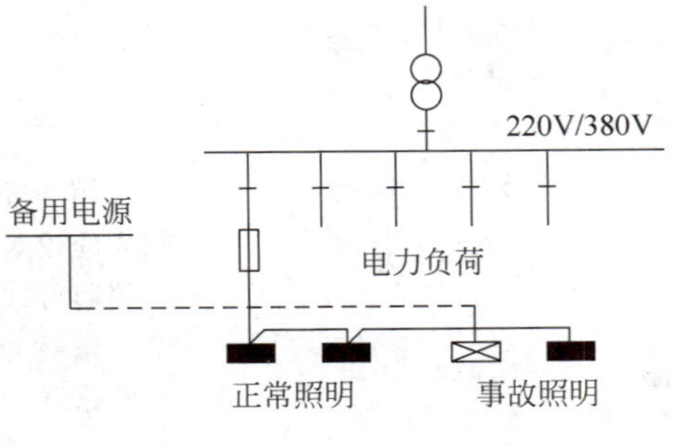	照明与电力负荷在母线上分开供电,暂时继续工作的备用照明由备用电源供电

续表

序号	供电方式	照明配电系统接线图	说明
3	一台变压器及蓄电池组系统	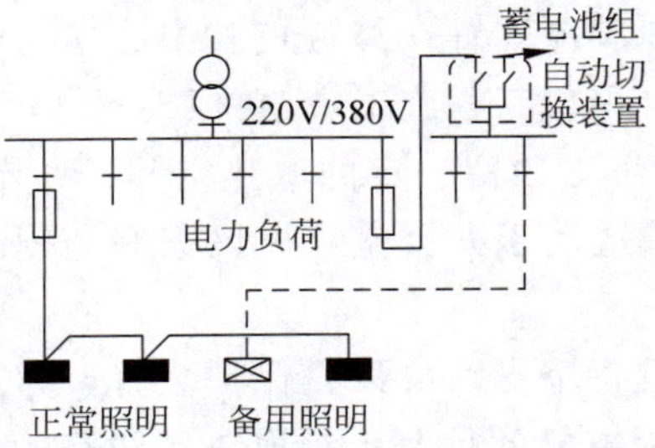 (220V/380V，蓄电池组自动切换装置，电力负荷，正常照明，备用照明)	照明与电力负荷在母线上分开供电，暂时继续工作的备用照明由蓄电池组供电
4	两台变压器系统	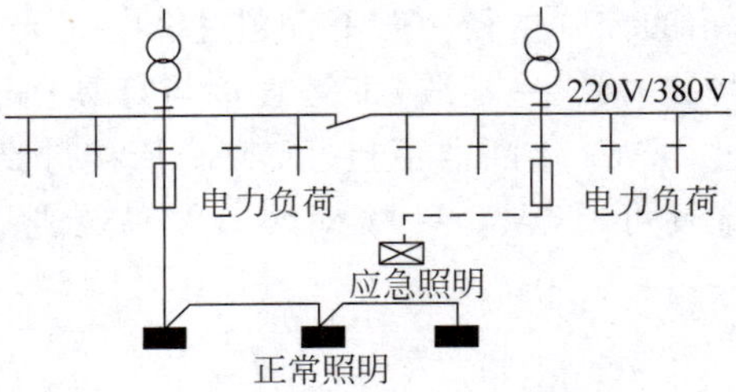 (220V/380V，电力负荷，电力负荷，应急照明，正常照明)	照明与电力负荷在母线上分开供电，正常照明和应急照明由不同变压器供电
5	变压器干线（一台）系统	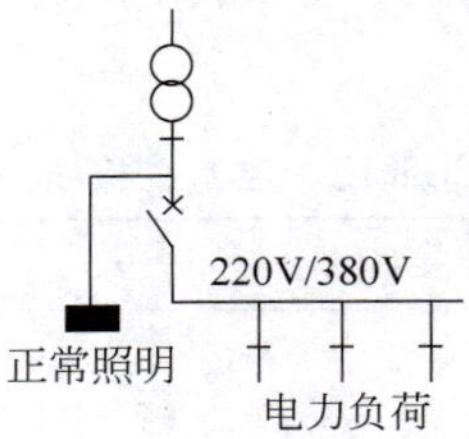 (220V/380V，正常照明，电力负荷)	对外无低压联络线时，正常照明电源接自干线总断路器之前
6	变压器干线（两台）系统	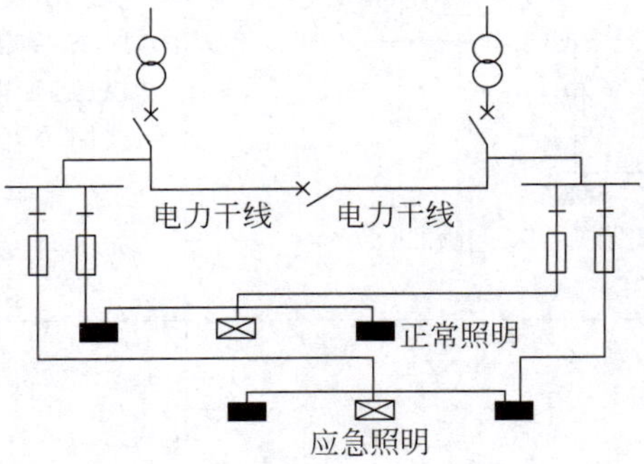 (电力干线，电力干线，正常照明，应急照明)	两段干线间设联络断路器，照明电源接自变压器低压总开关的后侧。当一台变压器停电时，通过联络线路开关接到另一段干线上，应急照明由两段干线交叉供电
7	由外部线路供电系统（2路电源）	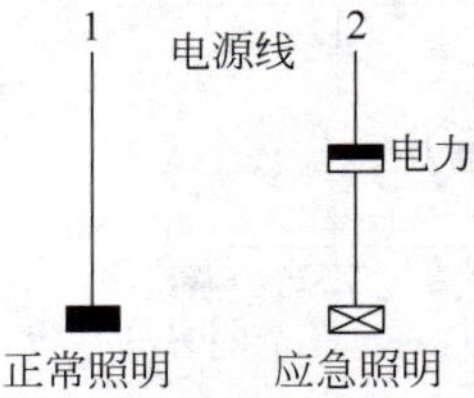 (1 电源线 2，电力，正常照明，应急照明)	适用于不设变电所的重要或较大的建筑物，几个建筑物的正常照明可共用一路电源线，但每个建筑物进线处应装带保护的总断路器

续表

序号	供电方式	照明配电系统接线图	说　　明
8	由外部线路供电系统（1路电源）	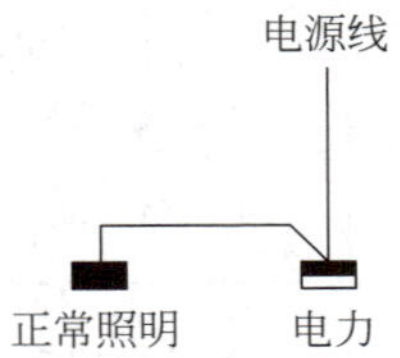 电源线 正常照明　电力	适用于次要的或较小的建筑物，照明接于电力配电箱总断路器前
9	多层建筑低压供电系统	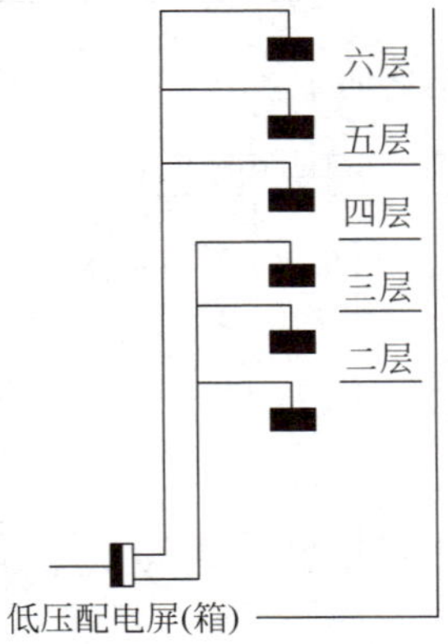 六层／五层／四层／三层／二层 低压配电屏(箱)	在多层建筑内，一般采用干线式供电，总配电箱装在底层

三、照明设备在图上的表示方法

照明工程图能集中表现照明配电箱、灯具、开关、插座及其他日用电器等常用照明设备的型号、规格、安装位置和敷设方法等相关信息，这些设备在图上常通过图形符号和文字标注相结合的方式表示出来。

1. 配电箱的表示方法

配电箱是照明工程的主要设备之一，它是按照一定的组合方式，将各种开关电器、仪表、保护电器、引入及引出线等组合而成的成套电器装置，用以实现电能的分配和控制。电气工程施工图中配电箱的图形符号见表1-35。

表1-35　配电箱的图形符号

序号	图形符号	说　　明
1	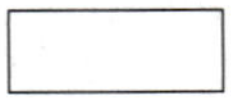 □	屏、台、箱、柜一般符号
2	▬	动力或动力-照明配电箱 （注：需要时符号内可表示电流种类符号）
3	■	照明配电箱（屏） （注：需要时允许涂红）

续表

序号	图形符号	说　明
4	 ☒	事故照明配电箱（屏）
5	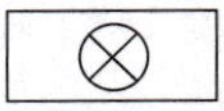 ⊗	信号板、信号箱（屏）
6	 ◩	多种电源配电箱（屏）

照明用配电箱型号的表示方法及含义如下。

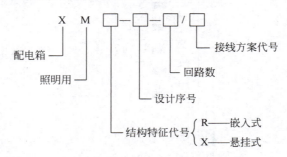

2．照明灯具的表示方法

照明灯具是照明工程不可缺少的电器元件，是将光源发出的光进行再分配的装置。照明线路中灯具的图形符号见表 1-36。

表 1-36　常用照明灯具的图形符号

序号	图形符号	说　明
1	 ⊗	灯或信号灯的一般符号
2	 ⊗	投光灯一般符号
3	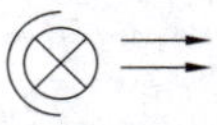 ⊗→	聚光灯
4	 ⊙	防水防尘灯
5	●	球形灯
6	◐	吸顶灯
7	 ◒	壁灯

续表

序号	图形符号	说　明
8		花灯
9		弯灯
10		安全灯
11		防爆灯
12	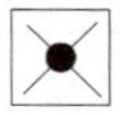	自带电源的事故照明灯
13		泛光灯
14	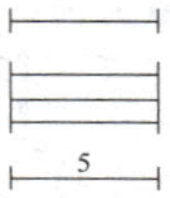	荧光灯一般符号 三管荧光灯 五管荧光灯
15		气体放电灯的辅助设备（仅用于与光源不在一起的）
16		矿山灯
17		普通型吊灯

3. 插座的表示方法

插座是用来插接照明设备和其他用电设备的电气装置，也可用来插接小容量的三相用电设备。常见的有单相两孔、单相三孔（带保护线）和三相四孔插座。

照明线路中常用插座的图形符号见表1-37。

表1-37　常用插座的图形符号

序号	名　称	常用图形符号	
		形式1	形式2
1	电源插座、插孔，一般符号（用于不带保护极的电源插座）		
2	多个电源插座（符号表示三个插座）		
3	带保护极的电源插座		

续表

序号	名称	常用图形符号 形式1	常用图形符号 形式2
4	单相二、三极电源插座		
5	带保护极和单极开关的电源插座		
6	带隔离变压器的电源插座		

4. 开关的表示方法

照明线路中常用开关的图形符号见表1-38。

表1-38 常用开关的图形符号

序号	名称	常用图形符号
1	暗装单极开关	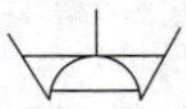
2	密闭单极开关	
3	防爆单极开关	
4	双极开关	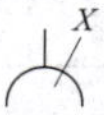 
5	暗装双极开关	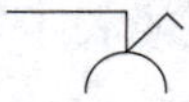
6	密闭双极开关	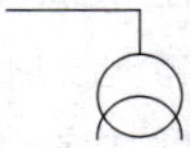
7	防爆三极开关	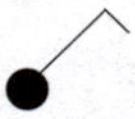
8	单极拉线开关	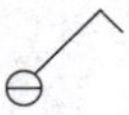
9	单极双控接线开关	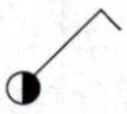
10	单极限时开关	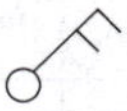
11	双极开关(单极三线)	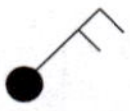
12	具有指示灯的开关	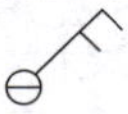

四、照明设备和线路的标注方法

1. 照明工程施工图中常用的文字符号

电气工程施工图中的文字符号能表达线路的敷设方式、线缆的敷设部位、灯具的类型及安装方式、导线的型号等相关电气安装信息,是图中必不可少的组成部分。

线路敷设方式的文字符号见表 1-39。

表 1-39 线路敷设方式的文字符号

序号	名 称	文字符号
1	穿低压流体输送用焊接钢管(钢导管)敷设	SC
2	穿普通碳素钢电线套管敷设	MT
3	穿可挠金属电线保护套管敷设	CP
4	穿硬塑料导管敷设	PC
5	穿阻燃半硬塑料导管敷设	FPC
6	穿塑料波纹电线管敷设	KPC
7	电缆托盘敷设	CT
8	电缆梯架敷设	CL
9	金属槽盒敷设	MR
10	塑料槽盒敷设	PR
11	钢索敷设	M
12	直埋敷设	DB
13	电缆沟敷设	TC
14	电缆排管敷设	CE

线缆敷设部位的文字符号见表 1-40。

表 1-40 线缆敷设部位的文字符号

序号	名 称	文字符号
1	沿或跨梁(屋架)敷设	AB
2	沿或跨柱敷设	AC
3	沿吊顶或顶板面敷设	CE
4	吊顶内敷设	SCE
5	沿墙面敷设	WS
6	沿屋面敷设	RS
7	暗敷设在顶板内	CC
8	暗敷设在梁内	BC
9	暗敷设在柱内	CLC
10	暗敷设在墙内	WC
11	暗敷设在地板或地面下	FC

灯具安装方式的文字符号见表 1-41。

表 1-41　灯具安装方式的文字符号

序号	名称	标注文字符号	序号	名称	标注文字符号
1	线吊式	SW	7	吊顶内安装	CR
2	链吊式	CS	8	墙壁内安装	WR
3	管吊式	DS	9	支架上安装	S
4	壁装式	W	10	柱上安装	CL
5	吸顶式	C	11	座装	HM
6	嵌入式	R			

灯具类型的文字符号见表 1-42。

表 1-42　灯具类型的文字符号

名称	符号	名称	符号	名称	符号	名称	符号
普通吊灯	P	吸顶灯	D	卤钨探照灯	L	防水防尘灯	F
壁灯	B	柱灯	Z	投光灯	T	搪瓷伞罩灯	S
花灯	H	荧光灯	Y	工厂一般灯具	G		

导线型号的文字符号见表 1-43。

表 1-43　导线型号的文字符号

符号	名称	符号	名称
BX	铜芯橡皮线	RVS	铜芯塑料绞型软线
BV	铜芯塑料线	RVB	铜芯塑料平型软线
BVR	铜芯塑料软线	BLXF	铝芯氯丁橡皮线
BLX	铝芯橡皮线	BXF	铜芯氯丁橡皮线
BBLX	铝芯玻璃丝橡皮线	LJ	裸铝绞线

2. 照明设备和线路的标注

电气工程施工图中,文字符号常用文字(汉语拼音字母、英文)和数字按照一定的格式书写,用来表示电气设备及线路的规格型号、标号、容量、安装方式、标高及位置等。电气设备的标注方式见表 1-44。

表 1-44　电气设备的标注方式

序号	标注方式	说明
1	$\dfrac{a}{b}$	用电设备标注: a——参照代号; b——额定容量(kW 或 kV·A)
2	$-a+b/c$[①]	系统图电气箱(柜、屏)标注: a——参照代号; b——位置信息; c——型号

续表

序号	标注方式	说明
3	$-a^{①}$	平面图电气箱（柜、屏）标注： a——参照代号
4	ab/cd	照明、安全、控制变压器标注： a——参照代号； b/c——一次电压/二次电压； d——额定容量
5	$a\text{-}b\dfrac{c\times d\times L}{e}f$	照明灯具的一般标注方法： a——数量； b——型号； c——每盏灯具的光源数量； d——光源安装容量； e——安装高度(m)，e 为"-"时表示吸顶安装； f——安装方式； L——光源种类
6	$\dfrac{a\times b}{c}$	电缆梯架、托盘和槽盒标注： a——宽度(mm)； b——高度(mm)； c——安装高度(m)
7	$a/b/c$	光缆标注： a——型号； b——光纤芯数； c——长度
8	$a\ b\text{-}c(d\times e+f\times g)i\text{-}jh^{②}$	线缆的标注： a——参照代号； b——型号； c——电缆根数； d——相导体根数； e——相导体截面(mm²)； f——PE、N 导体根数； g——PE、N 导体截面(mm²)； i——敷设方式和管径(mm)； j——敷设部位； h——安装高度(m)
9	$a\text{-}b(c\times 2\times d)e\text{-}f$	电话线缆的标注： a——参照代号； b——型号； c——导线对数； d——导体直径(mm)； e——敷设方式和管径(mm)； f——敷设部位

注：①前缀"-"在不会引起混淆时可省略。②当电源线缆 N 和 PE 分开标注时，应先标注 N 后标注 PE（线缆规格中的电压值在不会引起混淆时可省略）。

1）用电设备的标注

用电设备标注的格式是：$\dfrac{a}{b}$。

例如，某用电设备标注为$\dfrac{30}{65}$，含义是：图中的第 30 台设备，其额定功率为 65kW。

再如，某电动机和自动脱扣器标注为$\dfrac{25}{75}+\dfrac{200}{0.8}$，含义是：这台电动机的编号为 20，额定功率为 75kW；自动开关脱扣器电流为 200A，安装标高为 0.8m。

2）照明灯具的标注

照明灯具标注的格式是：$a\text{-}b\dfrac{c\times d\times L}{e}f$。

例如，某房间或区域灯具的标注为 8-YZ40RR$\dfrac{2\times 60}{3.5}$CS，含义是：该房间或区域安装的 8 盏荧光灯（直管型、日光色），型号为 YZ40RR；每盏灯内含 2 根 60W 的灯管，链吊式安装且安装高度为 3.5m（灯具底部与地面距离）。表达式中已给出灯具型号，设计时可以不标注光源种类 L。

3）灯具吸顶安装的标注

灯具吸顶安装标注的格式是：$a\text{-}b\dfrac{c\times d\times L}{-}$。

例如，某房间或某一区域灯具标注为：5-JXD6$\dfrac{3\times 40}{-}$，含义是：该房间或区域安装 5 只型号为 JXD6 的灯具，每盏灯内含 3 根 40W 的白炽灯泡，吸顶式安装。由于是吸顶式安装，设计时可不标注安装方式和安装高度。

常用的光源种类（L）有白炽灯（IN）、荧光灯（FL）、荧光高压汞灯（Hg）、高压钠灯（Na）、碘钨灯（I）、红外线灯（IR）、紫外线灯（UV）等。通常情况下，照明配电线路图中很少标注光源种类。

4）线缆的标注

线缆标注的格式是：$a\ b\text{-}c(d\times e+f\times g)i\text{-}jh$。

例如，某线缆标注为 9-BV(3×8+2×6)SC35-WS，含义是：该线缆在系统中的编号为 9，导线型号为 BV 铜芯塑料线，共有 5 根导线，其中 3 根截面分别为 8mm^2，2 根截面分别为 6mm^2，穿过管径为 35mm 的焊接钢管（钢导管），沿墙面敷设。

线缆的上述标注格式适用于三相四线制供电。对于三相三线制供电，线缆标注格式为 $a\ b\text{-}c(d\times e)i\text{-}jh$。对于 TN-S 系统，采用专用保护零线时标注格式为 $a\ b\text{-}c(d\times e+2\times g)i\text{-}jh$；采用钢管作为接零保护的公用线，标注格式为 $a\ b\text{-}c(d\times e+1\times g)i\text{-}jh$。电气照明工程中，参照代号 a 可用数字前面或后面加字母（汉语拼音或英文）标注，该字母用于区分复杂的多个回路，制图标准中没有明确定义，识读时应根据设计者的实际标注去理解。

五、照明线路识读

1. 照明线路图的识读方法

（1）了解建筑物的基本情况。了解房屋结构、房间分布与功能；了解电气设备、灯具在建筑物内分布的技术要求。

（2）阅读照明系统图。了解整个系统的基本组成及各设备间的相互关系，了解进户线规格型号、干线数量及规格型号、各支路的负荷分配和连接情况。

（3）阅读设计说明和图例。设计说明以文字形式描述了图中无法表示或不易表示但又与施工有关的问题；图例则表达了某些非标准的图形符号。

（4）阅读照明平面图。阅读照明平面图时，应先熟悉电气设备、灯具等在建筑物内的分布及安装位置，明确所属支路及连接关系，然后从进户线开始，经过配电箱一条支路一条支路地看。由于导线间的连接关系复杂，读图时应注意相线必须经开关再接灯座，而零线则可直接进灯座，保护线则直接与灯具金属外壳相连。

通常情况下，照明平面图中不直接描述照明灯具的安装方法，须通过阅读安装大样图或把平面图与安装大样图结合起来，才能全面了解具体的安装方法。

（5）相互对照、综合看图。为避免建筑电气设备及线路与其他建筑设备及管线在安装时发生位置冲突，照明平面图的识读应在了解规范要求的前提下，对照建筑设备安装工程施工图进行。

（6）了解设备、适当选择。了解照明设备的特殊要求，做出适当的选择，如低压电器外壳防护等级、防触电保护的灯具分类、防爆电器等的特殊要求。

2. 照明线路图识读实例

1）照明系统图识读

照明系统图能清晰地表达照明系统的接线方式、进线类型与规格、总开关型号、分开关型号、导线规格型号、管径及敷设方式、分支回路编号、分支回路设备类型、数量及计算总功率等基本设计参数，是照明工程施工中电气安装的主要依据。某三层砖墙结构综合大楼的照明系统如图1-88所示，对该照明系统图的识读如下。

（1）进户线沿地下暗敷设进入建筑物的首层配电箱。

（2）三个楼层的配电箱均为PXT型通用配电箱。

① 第1层的配电箱为AL-1，尺寸是700mm×650mm×200mm。

② 第2层和第3层的配电箱为AL-2，尺寸是500mm×280mm×160mm。

（3）第1层的开关箱装有一只型号为C45N-2的单极组合断路器总开关，其容量为32A；总开关后的分开关是一只C45N-2的单极组合断路器，其容量为15A，控制6个输出回路，分别为$WL_1 \sim WL_6$。

① WL_1、WL_2为插座支路，开关使用带漏保护断路器。

② WL_3、WL_4、WL_5为照明支路。

③ WL_6为备用支路。

（4）第2层和第3层的开关箱配置相同，各装有一只型号为C45N-2的单极组合断路

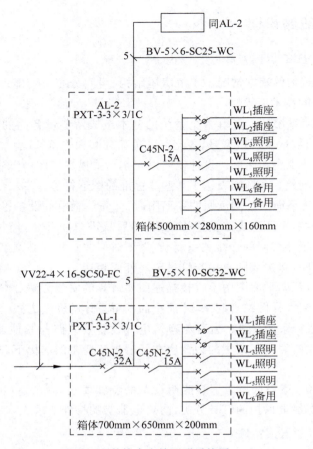

图 1-88 某综合大楼照明系统图

器总开关,其容量为 15A,控制 7 个输出回路,分别为 WL_1~WL_7。

① WL_1、WL_2 为插座支路,开关使用带漏电保护断路器。

② WL_3、WL_4、WL_5 为照明支路。

③ WL_6、WL_7 两条为备用支路。

(5) 1 层配电箱总开关后另接一条线路穿管引上 2 层;2 层配电箱总开关后另接一条线路穿管引上 3 层。

(6) 线路标注。

① 进户线标注为 VV22-4×16-SC50-FC,说明本楼进户线使用 4 芯截面为 $16mm^2$ 的全塑铜芯铠装电缆,穿直径 50mm 的焊接钢管,沿地下暗敷设。

② 1 层到 2 层的导线标注为 BV-5×10-SC32-WC,表明分线电缆使用 5 根截面为 $10mm^2$ 的 BV 型塑料绝缘铜导线,穿直径为 32mm 的焊接钢管,沿墙内暗敷设进入 2 层配电箱。

③ 2 层到 3 层的导线标注为 BV-5×6-SC25-WC,表明分线电缆使用 5 根截面积为 $6mm^2$ 的塑料绝缘铜导线,穿直径为 25mm 焊接钢管,沿墙内暗敷设进入 3 层配电箱。

2) 照明平面图识读

照明平面图能清晰地表达进户线、配电箱的位置;线路走向、引进及引出方向;灯具的种类、位置、数量、功率、安装方式和高度;开关、插座的数量、安装方式和位置等信息。一栋三层3个单元的民用住宅楼一单元2层的照明平面图如图1-89所示。对该照明平面图的识读如下。

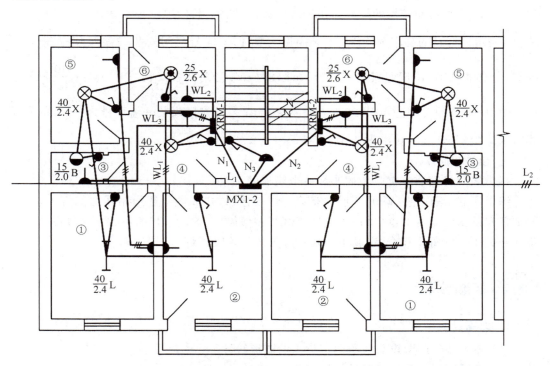

$WL_1 \sim WL_3$ 为 BV-3×4-WC;WL_4 为 BV-2×2.5-WC

图 1-89　某住宅一单元 2 层的照明平面图

(1) 从照明平面图可知,本住宅楼每层有两个用户(其他层相同),每户均为三室一厅、一个厨房和一个卫生间共6个房间,各房间的编号如图中所示。

(2) 线路走向。

① 总配电箱(MX1-2)暗装于走廊墙内,从总配电箱内共引出3路线:一路(N_1)送至本单元2层左户配电箱(XRM-1),由3根导线组成;一路(N_2)送至本单元2层右侧用户配电箱(XRM-2),由3根导线组成;一路(N_3)供走廊照明用电,由2根导线组成。

② 室内配电箱(XRM-1)引出的插座线(WL_1),先进入④号房间,并由此引出3根导线到该房间插座;再引出3根导线到②号房间的插座;然后从②号房间引出3根导线到①号房间的插座;再从①号房间引出3根线到⑤号房间的插座。

③ 室内配电箱(XRM-1)引出的插座线(WL_2),进入⑥号房间插座。

④ 室内配电箱(XRM-1)引出的插座线(WL_3),进入③号房间插座。

⑤ 室内配电箱(XRM-1)引出2根照明线(WL_4),线路配线走向为:配电箱→④号房间灯位→⑥号房间灯位→⑤号房间灯位→①号房间灯位→②号房间灯位;⑤号房间灯位另分一路到③号房间。每盏灯的开关由每个房间的灯位引出。

(3) 用电设备。

本图中标注的用电设备有灯具、插座和开关。

① 灯具。

①号和②号房间使用的灯具为吊链式荧火灯,图中用符号""表示;灯具型号为 $\frac{40}{2.4}$L,表示该灯具的功率为 40W,安装高度为 2.4m;③号房间安装一盏型号为 $\frac{15}{2.0}$B 的壁灯,灯具的功率为 15W,安装高度为 2m;④号和⑤号房间各安装一盏型号为 $\frac{40}{2.4}$X 的吊线白炽灯,灯具的功率为 40W,安装高度为 2.4m;⑥号房间安装一盏型号为 $\frac{25}{2.6}$X 的吊线式防水防尘灯,灯具的功率为 25W,安装高度为 2.6m。

② 开关和插座。

每个房间各安装一个暗装插座和一个跷板开关。

综上所述,该住宅一单元 2 层共有荧光灯 4 盏(每户 2 盏)、普通吊线白炽灯 4 盏(每户 2 盏)、防水防尘灯 2 盏(每户 1 盏)、壁灯 2 盏(每户 1 盏)、单相插座 12 个(每户 6 个)、跷板开关 13 个(每户 6 个,走廊 1 个),走廊另装一盏吸顶灯。

技能训练

1. 训练目的

(1) 熟悉各种照明设备在照明工程中的图形符号。
(2) 掌握照明设备和线路的标注方法。
(3) 掌握照明系统图和照明平面图的识读方法。
(4) 培养学生理论联系实际及动手操作能力。

2. 训练内容

(1) 识读住宅配电系统照明平面图,如图 1-90 所示。
(2) 识读住宅配电系统插座平面图,如图 1-91 所示。
(3) 填写上述照明和插座平面图的标注说明,见表 1-45。

表 1-45 照明和插座平面图的标注说明

标注项目	说明
照明线路安装路径	
灯具型号含义	
照明导线截面及根数	
照明控制开关的选型和安装位置	
插座安装路径	
插座导线截面及根数	
照明及插座平面图中图形符号含义	
照明及插座平面图中文字符号含义	

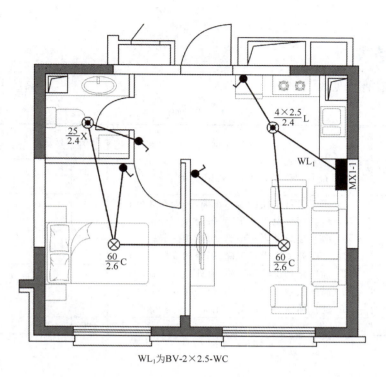

WL$_1$为BV-2×2.5-WC

图 1-90　照明平面图

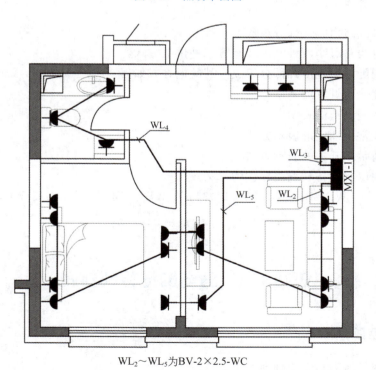

WL$_2$～WL$_5$为BV-2×2.5-WC

图 1-91　插座平面图

 考核评价

任务考核评价见表 1-46。

表 1-46 任务考核评价

考核内容	评价标准	分值	自评	小组互评	教师评价
照明设备图形符号	图形符号识读不正确，每处扣 3 分	20			
照明平面图	(1) 照明线路路径识读不正确，每处扣 3 分； (2) 灯具型号说明不正确，每处扣 3 分； (3) 照明导线说明不正确，每处扣 3 分； (4) 照明开关说明不正确，每处扣 3 分	40			
插座平面图	(1) 插座路径识读不正确，每处扣 3 分； (2) 插座型号说明不正确，每处扣 3 分； (3) 连接插座导线说明不正确，每处扣 3 分	40			
总 分		100			

 课后思考

(1) 照明线路由哪几部分组成？
(2) 供电线路有哪两种？干线有哪三种供电方式？
(3) 照明配电系统由几部分组成？其配电方式如何？
(4) 简述照明灯具的文字符号。
(5) 简述配电箱的表示方法。
(6) 简述常用插座的表示方法。
(7) 简述常用开关的表示方法。
(8) 说明以下设备和线路标注的含义。

$$\text{WP1-BLV}(3\times 50+1\times 35)\text{-K-WE}, \quad \text{BLX}(3\times 4)\text{G15-WC},$$
$$10\text{-Y}\frac{2\times 40\times \text{FL}}{2.5}\text{C}, \quad 5\text{-DDB306}\frac{4\times 60\times \text{IN}}{-}$$

任务 1.6　导线的连接和封端

 学习任务

(1) 了解导线的绝缘层剖削方法。
(2) 了解导线接头的搪锡方法。

(3)掌握导线连接的技能和方法。
(4)掌握导线的封端方法。
(5)掌握导线接头绝缘的处理方法。
(6)能独立完成导线的连接和封端。

知识链接

一、导线绝缘层的剖削

导线绝缘层剖削是导线进行连接和封端操作的前提,可以使用电工刀、电工钢丝钳及剥线钳进行。

1. 塑料硬线绝缘层的剖削

剖削塑料硬线绝缘层,可使用电工钢丝钳、剥线钳或电工刀。根据导线直径的不同,4mm及以下塑料硬线绝缘层,用电工钢丝钳或剥线钳进行剖削;4mm以上塑料硬线绝缘层,用电工刀进行剖削。

(1)用电工钢丝钳进行剖削。左手握紧导线,在需要剖削线头处,用钢丝钳钳口轻轻切破绝缘层,注意力度以防切伤线芯。剖削时,右手用力向外拉去绝缘层,如图1-92所示。

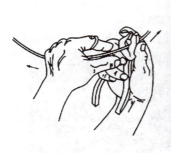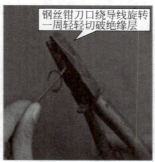

图1-92 电工钢丝钳剖削4mm及以下塑料硬线绝缘层

(2)用剥线钳进行剖削。左手握紧导线,右手持剥线钳,把导线放在相应的剥线钳口线槽内,调整好需要去掉绝缘的长短,用力握紧剥线钳钳把,使导线与绝缘层分离,如图1-93所示。注意,剥线钳有不同的切断导线绝缘层的切口槽,要根据不同导线直径,使用不同的切口槽。

(3)用电工刀进行剖削。根据要去掉绝缘层的长短,用电工刀在切掉位置以45°切入绝缘层,深度不可伤及线芯;再使刀面与导线保持25°向线端推削,削去导线上面绝缘部分;最后将余下部分绝缘层翻下用电工刀切掉,如图1-94所示。

2. 护套线绝缘的剖削

剖削护套线绝缘层,可使用电工刀或剥线钳。其中,外层绝缘使用电工刀,内层绝缘使用电工刀或剥线钳。左手握线右手持刀,把护套线平放在木工板上,用刀尖在护套线中间顺向划开,注意刀尖不能划伤内层绝缘,翻下绝缘层并用电工刀切除,即完成护套线外层绝缘的剖削，如图 1-95 所示。护套线内层绝缘的剖削与使用电工刀或剥线钳剖削塑料硬线绝缘层的方法相同。

 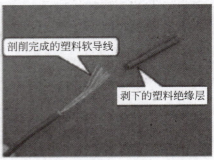

图 1-93　剥线钳剖削 4mm 及以下塑料硬线绝缘层

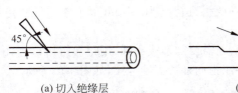 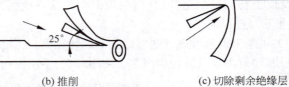

(a) 切入绝缘层　　　　　　(b) 推削　　　　　　(c) 切除剩余绝缘层

图 1-94　电工刀剖削 4mm 以上塑料硬线绝缘层

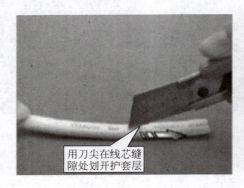 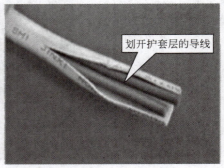

图 1-95　电工刀剖削护套线外层绝缘

注意：内层绝缘层不要用电工钢丝钳剥削，使用钢丝钳剥削会拉动内外层绝缘层，对内层绝缘有一定的损坏。

3. 塑料软导线及橡胶软电缆绝缘层的剖削

通常情况下，塑料软导线线芯为多股铜丝，用电工刀剖削容易割伤线芯，应使用剥线钳或电工钢丝钳进行剖削。可使用电工刀剖削橡胶软电缆绝缘层，用刀尖从导线端头起刀，切开一定长度，用手连同线芯一起撕开到一定长度，再用电工刀切除外层绝缘。内层绝缘层用剥线钳或电工钢丝钳去除，如图 1-96 所示。

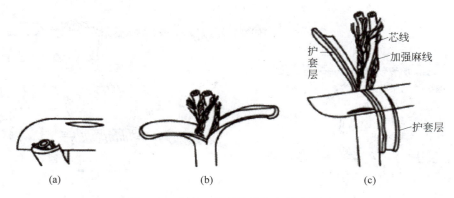

图 1-96 电工刀剖削橡胶软电缆绝缘层

二、导线接头搪锡

搪锡是导线连接中的一项重要工艺。在采用缠绕法将铜芯导线连接完毕后,连接处加固搪锡的目的是使接触面积加大,减少接触电阻,增强连接的牢固性,防止氧化,提高接线的可靠性。

小截面的导线搪锡可用电烙铁,即将导线剥皮并清除氧化物(不能用酸性溶液清洗),用电烙铁蘸上带有松香的焊丝涂满线头。大截面的导线搪锡可使用焊锡锅,即将清除线芯表面氧化物(不能用酸性溶液清洗)的线头加热并蘸上松香或松香溶液,放入焊锡锅内蘸一下;或将导线架在焊锡锅上用熔化的锡液浇淋导线。

三、导线的连接

导线连接是电工基本工艺之一,导线连接的质量关系到线路和设备运行的可靠性和安全程度。对导线连接的基本要求:电接触良好,有足够的机械强度,接头美观且绝缘恢复正常。

1. 导线的铰接

1)单股铜导线的直接连接

连接小截面单股铜导线,是将两导线的芯线线头作 X 形交叉,将它们相互缠绕 2~3 圈后扳直两线头,然后将每个线头在另一芯线上紧贴密绕 5~6 圈,最后剪去多余线头,如图 1-97 所示。

连接大截面单股铜导线,是在两导线的芯线重叠处填入一根相同直径的芯线,用一根截面约 1.5mm² 的裸铜线在其上紧密缠绕(缠绕长度约为导线直径的 10 倍),然后将被连接导线的芯线线头分别折回,并将两端的裸铜线继续缠绕 5~6 圈,最后剪去多余线头,如图 1-98 所示。

连接不同截面单股铜导线,是将细导线的芯线在粗导线的芯线上紧密缠绕 5~6 圈,然后将粗导线芯线的线头折回紧压在缠绕层上,再用细导线芯线在其上继续缠绕 3~4 圈,

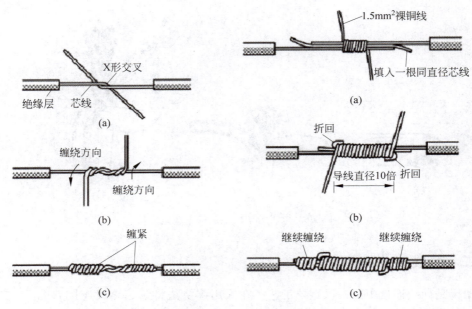

图 1-97　小截面单股铜导线的连接

图 1-98　大截面单股铜导线的连接

最后剪去多余线头,如图 1-99 所示。

2)单股铜导线的分支连接

单股铜导线的 T 字形分支连接,是将支路芯线的线头紧密缠绕在干路芯线上 5~8 圈,然后剪去多余线头;对于较小截面的芯线,可先将支路芯线的线头在干路芯线上打一个环绕结,再紧密缠绕 5~8 圈,最后剪去多余线头,如图 1-100 所示。

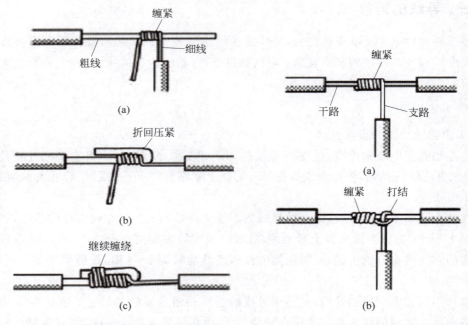

图 1-99　不同截面单股铜导线的连接

图 1-100　单股铜导线的 T 字形分支连接

单股铜导线的十字分支连接,是将上下支路芯线的线头紧密缠绕在干路芯线上 5~8 圈,然后剪去多余线头。缠绕时可以选择将上下支路芯线的线头向一个方向(见图 1-101(a)),也可以选择向左右两个方向(见图 1-101(b))。

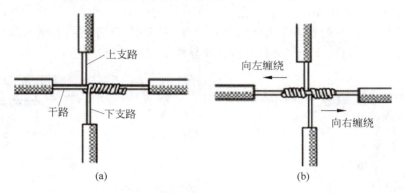

图 1-101　单股铜导线的十字分支连接

3) 多股铜导线的直接连接

多股铜导线的直接连接如图 1-102 所示。将需要连接的导线剖削绝缘层并拉直多股芯线,将靠近绝缘层的约 1/3 芯线绞合拧紧,其余 2/3 芯线成伞状散开;然后将两伞状芯线相对互相插入并捏平芯线;再将每一边的芯线线头分作 3 组,使某一边的第 1 组线头翘起并紧密缠绕在芯线上,第 2 组线头翘起并紧密缠绕在芯线上,第 3 组线头翘起并紧密缠绕在芯线上;最后将另一边的线头也以同样方法缠绕。

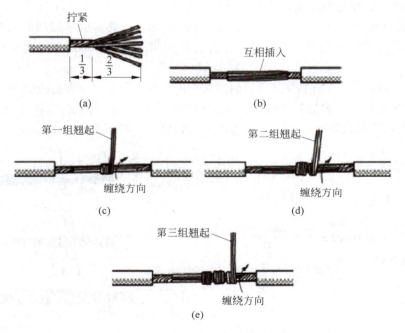

图 1-102　多股铜导线的直接连接

4)多股铜导线的分支连接

多股铜导线的 T 字形分支连接有两种方法,如图 1-103 所示。一种是将支路芯线 90°折弯后与干路芯线并行,然后将线头折回并紧密缠绕在芯线上;另一种是将支路芯线靠近绝缘层的约 1/8 芯线绞合拧紧,其余 7/8 芯线分为两组,一组插入干路芯线中,另一组放在干路芯线前面,并朝右边按图所示方向缠绕 4～5 圈,再将插入干路芯线中的那一组朝左边按图所示方向缠绕 4～5 圈,连接好的导线如方法二(d)所示。

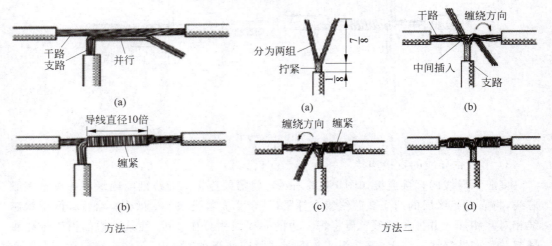

图 1-103 多股铜导线 T 字形分支连接的两种方法

5)单股铜导线与多股铜导线的连接

单股铜导线与多股铜导线的连接如图 1-104 所示。先将多股导线的芯线绞合拧紧成单股状,再将其紧密缠绕在单股导线的芯线上 5～8 圈,最后将单股芯线线头折回并压紧在缠绕部位。

单股铜导线与大线径多股铜导线的连接如图 1-105 所示。用螺钉旋具将多股导线分成两组,将单股线插入多股线芯(注意,为便于恢复绝缘不要插到底,以距原切口 5mm 为宜),然后将单股线按顺时针方向紧密缠绕 10 圈,钳去余线压平。

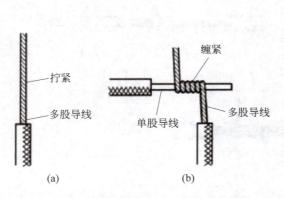

图 1-104 单股铜导线与多股铜导线的连接

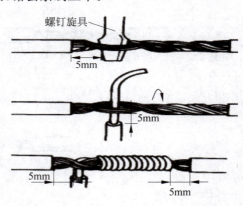

图 1-105 单股铜导线与大线径多股铜导线的连接

6）同一方向导线的连接

当需要连接的导线来自同一方向时，采用如图 1-106 所示连接的方法。对于在建筑中用于接线盒内接线的单股导线，可将一根导线的芯线紧密缠绕在其他导线的芯线上，再将其他芯线的线头折回压紧。对于多股导线，可将两根导线的芯线互相交叉，然后绞合拧紧。对于单股导线与多股导线的连接，可将多股导线的芯线紧密缠绕在单股导线的芯线上，再将单股芯线的线头折回压紧。

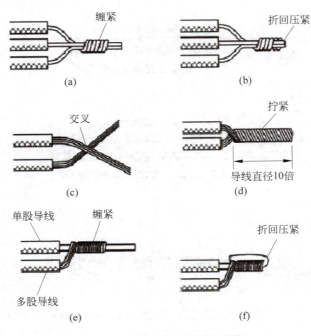

图 1-106　同一方向导线的连接

7）双芯或多芯电线电缆的连接

双芯护套线、三芯护套线或电缆、多芯电缆在连接时，应注意尽可能将各芯线的连接点互相错开位置，可以更好地防止线间漏电或短路。双芯护套线的连接情况如图 1-107（a）所示；三芯护套线的连接情况如图 1-107（b）所示；四芯电力电缆的连接情况如图 1-107（c）所示。

2. 导线的压接

导线的压接是指用铜或铝套管套在被连接的芯线上，再用压接钳或压接模具压紧套管，使芯线连接在一起，如图 1-108 所示。铜导线（一般是较粗的铜导线）和铝导线都可以采用紧压连接，铜导线的连接应采用铜套管，铝导线的连接应采用铝套管。注意，压接前应先清除导线芯线表面和压接套管内壁上的氧化层和污物，以确保接触良好。

1）铜导线或铝导线的压接

压接套管截面有圆形和椭圆形两种。圆截面套管可以穿入一根导线，椭圆截面套管可以并排穿入两根导线。

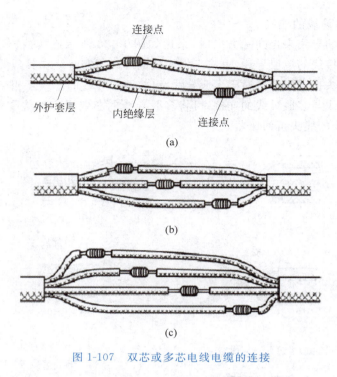

图 1-107 双芯或多芯电线电缆的连接

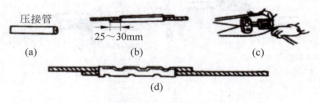

图 1-108 导线的压接

利用圆截面套管进行压接时,先将需要连接的两根导线的芯线分别从左右两端插入套管相等长度,以保持两根芯线线头的连接点位于套管内的中间,然后用压接钳或压接模具压紧套管。一般情况下,只要在每端压一个坑即可满足接触电阻的要求;在对机械强度有要求的场合,可在每端压两个坑;对于较粗的导线或机械强度要求较高的场合,可适当增加压坑的数目。

利用椭圆截面套管进行压接时,先将需要连接的两根导线的芯线分别从左右两端相对插入并穿出套管少许,然后压紧套管。椭圆截面套管可用于导线的直线压接,也可用于同一方向导线的压接,还可用于导线的T字形分支压接或十字形分支压接。

2)铜导线与铝导线之间的压接

当需要将铜导线与铝导线进行连接时,必须采取防止电化腐蚀的措施。因为铜和铝的标准电极电位不一样,如果将铜导线与铝导线直接绞接或压接,在其接触面会发生电化腐蚀,引起接触电阻增大而过热,造成线路故障。常用的防止电化腐蚀的连接方法有两种:一种是采用铜铝连接套管,即铜铝连接套管的一端是铜质,另一端是铝质,使用时将铜导线的芯线插入套管的铜端,将铝导线的芯线插入套管的铝端,然后压紧套管;另一种是将铜导线镀锡后采用铝套管连接,即先在铜导线的芯线上镀一层锡,再将镀锡铜芯线插入铝套管的一端,铝导线的芯线插入该套管的另一端,最后压紧套管。

四、导线封端

导线封端是导线与电气设备、装置或用具接线端的连接,常用的形式有针孔式、螺钉平压式、导线压接接线端子、多股线盘压接和瓦形垫压接。封端时,绝缘层的剖削要合适,线芯表面要打磨干净;弄清导线的相位;接线盒内的导线要留有余量,便于再次剖削线头,留出的线头应盘绕成弹簧状,如图1-109所示,以防安装开关面板时接线端受力松动。

1. 导线与针形孔接线端的连接

导线与针形孔接线端的连接如图1-110所示。剖削导线端头绝缘,使线芯略长于压线孔的深度,将线芯插入压接孔,然后拧紧螺钉。若压线孔有两个压紧螺钉,应先拧紧外侧螺钉再拧内侧螺钉,两个螺钉的压紧程度须保持一致。

图1-109 接线盒内的导线

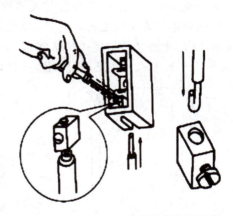

图1-110 导线与针形孔接线端的连接

对于截面较小的导线,线芯应弯折成双股后再插入压线孔压接,如图1-110所示。对于多股软线,线芯应拧紧、弯折并自身缠绕几圈后再插入压线孔压接;当孔径较大时,可用一根合适的导线在拧紧的线头上缠绕一层后再进行压接。

需要注意的是,导线与针形孔接线端连接时,其绝缘层与接线端要保持适当的距离,既不能相距太远,使线芯裸露过多,也不能把绝缘层插入接线端内,更不能把螺钉压在绝缘层上。

2. 导线用螺钉压接法

1)小截面单股导线的压接

连接时,应把线头盘成圆圈后再连接,弯曲方向要与螺钉的拧紧方向相同,如图1-111所示。为防止拧紧螺钉时散开,圆圈的内径要适中。如果螺钉帽较小,应加平垫圈。注意,压接时不能压在绝缘层,有弹簧垫时以弹簧垫压平为度。

2)软线的螺钉压接

软线线头与接线端子连接时,不允许有芯线松散和外露的现象。为保证连接牢固,平

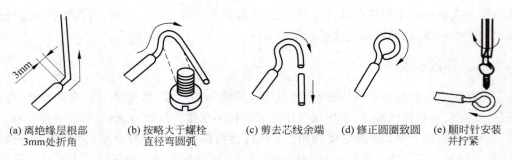

(a) 离绝缘层根部3mm处折角　(b) 按略大于螺栓直径弯圆弧　(c) 剪去芯线余端　(d) 修正圆圈致圆　(e) 顺时针安装并拧紧

图 1-111　导线用螺钉压接法

压式接线端方法如图 1-112 所示。较大截面的导线与平压式接线端连接时,线头先与接线端子紧固连接后,再将接线端子与接线端连接。

3. 导线压接接线端子法

导线压接接线端子法适用于导线与大容量的电气设备接线端子的连接。连接前,先选用与导线截面相同的接线端子,并清除接线端子内和线头表面的氧化层;然后将导线插入接线端子内,使绝缘层与接线端子间留 5mm 裸线,以便恢复绝缘;最后用压接钳进行压接,如图 1-113 所示。注意,压接时应使用同截面的压模。

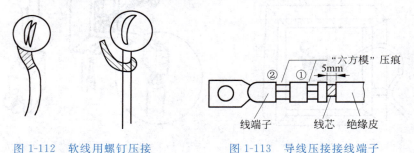

图 1-112　软线用螺钉压接　　　图 1-113　导线压接接线端子

4. 多股线盘压接法

多股线盘压接法如图 1-114 所示。根据所需的长度剖削绝缘层,把 1/2 长的线芯重新拧紧并向外弯折成圆弧,并使线头与原线段平行捏紧;然后将线头散开按 2、2、3 分成组,扳直一组线垂直于线芯缠绕;最后按多股线对接的方法缠紧导线,直到成形。

5. 瓦形垫压接

瓦形垫压接就是将剖削绝缘层的线芯弯成 U 形后卡入瓦形垫内压紧,如果有两个线头,须将两个线头弯成 U 形对头重合后卡入瓦形垫内,如图 1-115 所示。也可以将剖削绝缘层的线芯直接插入瓦形垫内压紧,若有两根导线,应每侧压接一根,瓦形垫外导线不能过长,也不能将绝缘层压在瓦形垫下。

五、导线接头的绝缘处理

导线接头的绝缘处理是指在线头连接完成后,恢复破损的绝缘,且恢复后的绝缘强度应不低于原有的绝缘强度。常用的绝缘材料有黑胶布、黄蜡带、自粘性绝缘胶带、电气胶

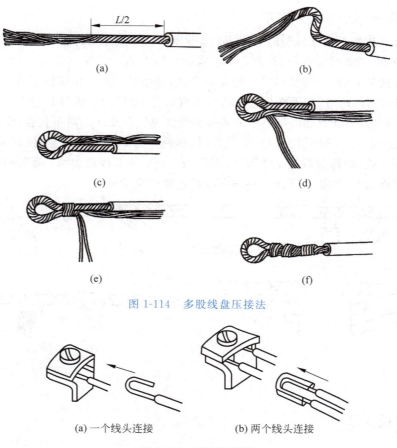

图 1-114　多股线盘压接法

(a) 一个线头连接　　(b) 两个线头连接

图 1-115　瓦形垫压接

带等,绝缘带宽度以 10～20mm 为宜。

1. 直接连接的绝缘处理

导线直接连接后的绝缘包缠如图 1-116 所示。从距离绝缘切口两根带宽处开始,使自粘性绝缘胶带以与导线成 45°～55°的倾斜角绕包至另一端,且每圈重叠 1/2 带宽缠绕;然后用黑胶布从自粘性绝缘胶带的尾部向回包扎一层,也要每圈重叠 1/2 带宽。如果导线两端的高度不同,最外层的绝缘胶带要从下向上包缠。

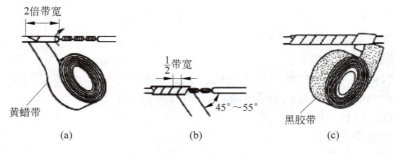

图 1-116　直接连接的绝缘包缠

2. 导线分支连接的绝缘处理

导线分支连接后的绝缘包缠如图 1-117 所示。从主线距离绝缘切口左端两倍带宽处开始，用自粘性绝缘胶带绕包，每圈叠压带宽的 1/2 左右。包缠到分支线时，用左手拇指顶住左侧直角处的带面，使胶带贴紧转角处芯线，并使处于接头顶部的胶带尽量向右倾斜缠绕；绕到右侧转角时，用手指顶住右边接头直角处，胶带向左缠与下边的胶带成 X 状交叉，直至回绕到左转角；然后将绝缘带从接头交叉位置在支线上向下包缠，保持向右倾斜状态；在支线上绕至绝缘层上约两个带宽时，拆回绝缘带并向上包缠，使其向左侧倾斜，绕至接头交叉处，绝缘带绕过干线顶部，再开始干线右侧芯线的包缠；直到包缠至干线右端的完好绝缘层后，用黑胶布按上述方向继续包缠一层即可。

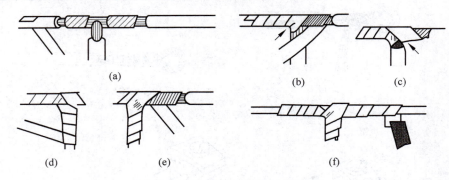

图 1-117　导线分支连接的绝缘包缠

1. 训练目的

（1）熟悉利用常用电工工具剖削导线绝缘层。
（2）掌握导线的连接和接头搪锡工艺。
（3）掌握导线的封端和接头绝缘处理技能。
（4）培养学生动手操作能力。

2. 训练器材

螺钉旋具、电工刀、剥线钳、尖嘴钳、电烙铁、松香、焊锡、单股铜线、多股铜线、压接螺钉、绝缘材料等。

3. 训练内容

（1）剖削单股和多股铜线的绝缘层。
（2）单股铜线的直接连接。
（3）单股铜线与多股铜线的分支连接。
（4）多股铜线的直接连接和分支连接。
（5）铜线连接接头的搪锡处理。
（6）单股铜线的压接。
（7）多股铜线盘压接。

(8) 单股铜线与多股铜线分支连接后的绝缘层处理。

 考核评价

任务考核评价见表 1-47。

表 1-47　任务考核评价

考核内容	评价标准	分值	自评	小组互评	教师评价
工具使用	(1) 工具使用不正确,每处扣 1 分; (2) 不能正确保养工具,扣 1 分	5			
导线绝缘层剖削	(1) 导线绝缘层剖削不正确,每处扣 2 分; (2) 割伤线芯,每处扣 2 分	20			
导线直接连接	(1) 连接方法和步骤不正确,扣 5 分; (2) 连接处不呈直线,扣 5 分	10			
导线分支连接	(1) 连接方法和步骤不正确,扣 5 分; (2) 连接部分不是 T 形,扣 5 分	20			
导线接头搪锡	(1) 氧化物没有清除干净,每处扣 2 分; (2) 焊锡没有涂满线头,每处扣 2 分	10			
导线封端	(1) 导线圆圈不符合要求,每处扣 2 分; (2) 压接到绝缘层,每处扣 2 分; (3) 多股线盘压操作线芯分组不正确,扣 5 分; (4) 多股线盘压操作每组线缠绕方法不正确,每次扣 3 分	20			
导线接头的绝缘处理	(1) 自粘性绝缘胶带与导线缠绕倾斜角度不正确,每处扣 1 分; (2) 绝缘材料每圈缠绕重叠带宽不正确,每处扣 1 分; (3) 没有缠黑胶布,扣 2 分	10			
文明生产	(1) 不服从指挥、违反安全操作规程,扣 2 分; (2) 破坏仪器设备、浪费材料,扣 5 分	5			
总　　分		100			

 课后思考

(1) 简述不同材质导线绝缘层的剖削方法。

(2) 简述导线接头搪锡工艺。

(3) 导线连接的目的是什么?

(4) 导线连接时应注意什么?

(5) 简述导线铰接和压接方法。

(6) 简述导线封端的作用。

(7) 简述导线接头的绝缘处理方法。

项目 2 室内照明线路的安装

任务 2.1 住宅建筑照明线路的安装

 **学习任务**

(1) 了解住宅照明线路的设计要求。
(2) 了解不同照明灯具的性能。
(3) 掌握住宅建筑照明线路的设计标准。
(4) 掌握住宅建筑照明施工的步骤及工艺。
(5) 能完成住宅建筑照明线路各安装工序的施工。

 知识链接

住宅建筑照明设计是住宅空间设计的重要组成部分,照明系统的光源、灯具类型、启动器、照明方式及控制方式的选择和线路的设计不合理,会导致照明系统的匹配性能变差、能耗加大等问题,直接影响居住环境的质量。住宅建筑照明线路的设计应在保证照度、色温、显色指数等照明质量指标的基础上,降低能源消耗、节约投资。

一、住宅建筑照明线路设计

1. 住宅照明线路的设计要求

(1) 室内光环境应实用、舒适;卧室和餐厅宜采用低色温的光源。
(2) 在起居室、卧室内,有书写、阅读和精细作业等要求时宜增设局部照明。
(3) 楼梯间照明宜采用定时开关或双控开关。
(4) 灯具的选择取决于房间的具体功能,应采用直接照明和开启式灯具,并注意选用节能型灯具;卫生间、浴室等潮湿和易污场所应选用防潮且易清理的灯具。

(5) 住户室内配电线路应采用暗敷设；导线应选用铜线，住宅楼单相进户线截面应不小于 $10mm^2$，三相进户线截面应不小于 $6mm^2$，一般分支回路导线截面应不小于 $2.5mm^2$，单相电源回路的中性线应与相线截面相等。

住宅建筑照明线路设计标准值见表 2-1。

表 2-1 住宅建筑照明线路设计标准值

房间或场所		参考平面及其高度	照度标准值/lx	显色指数
起居室	一般活动	高度为 0.75m 的水平面	100	80
	书写、阅读		300*	
卧室	一般活动	高度为 0.75m 的水平面	75	80
	床头、阅读		150*	
餐厅		高度为 0.75m 的餐桌面	150	80
厨房	一般活动	高度为 0.75m 的水平面	100	80
	操作台	台面	150*	
卫生间		高度为 0.75m 的水平面	100	80
电梯前厅		地面	75	60
走廊、楼梯间		地面	30	60
公共车库	停车位	地面	20	60
	行车道	地面	30	60

注：*表示宜用混合照明。

2. 家居照明区域的设计

(1) 客厅。客厅照明应以一盏大方明亮的吊灯或吸顶灯作为主灯，搭配其他多种辅助灯饰，如壁灯、筒灯、射灯等。还可在沙发旁放置台灯或落地灯，用于交谈或浏览书报；电视机旁的微型低照度白炽灯，可减弱客厅内明暗反差，保护视力。

(2) 卧室。卧室应选择光线不强的吸顶灯为基本照明，安置在天棚中间；墙上和梳妆镜旁可装壁灯；床头应配床头灯。

(3) 书房。书房的基础照明，可选用造型简洁的吸顶灯并安装在房顶中央，光线明亮均匀，无阴影；也可安装卤素光源的筒灯。

(4) 厨房。厨房灯具光源宜采用暖色白炽灯，以防水、防油烟和易清洁为原则。操作台的上方应设置嵌入式或半嵌入式散光型吸顶灯，嵌入罩配以透明玻璃或透明塑料；灶台上方的抽油烟机，机罩内应设置隐形小白炽灯；餐桌上方设置单罩单火升降式或单层多叉式吊灯，不宜用冷色荧光灯。

(5) 餐厅。餐厅应选用具有明暗调节器和可升降功能的垂悬式吊灯，且不宜安装太高，以在用餐者的视平线上为宜。

(6) 卫生间。卫生间的灯具应有良好的防水、防尘性。浴室内除应有良好的常规照明外，还应设置对镜子等的局部照明。

(7) 门廊、楼梯间和阳台。门廊、楼梯间和阳台宜采用耗电少、工作时间长的电子节能灯。

家居照明密度的最大值见表2-2。

表2-2 家居照明密度的最大值

位置	客厅	餐厅	主卧室	儿童房	书房	厨房	卫生间	镜前灯	阳台
光源功率/(W/m²)	3～6	10	3～5	5～7	3～5	6～8	4～6	14～21	3～5

二、建筑住宅照明线路施工材料和施工工具的选择

1. 照明灯具性能比较

照明灯具主要性能比较见表2-3。

表2-3 照明灯具主要性能比较

灯 种	功率/W	光效/(lm/W)	显色指数	平均寿命/h	频闪效应
白炽灯	5～1000	9～34	90～100	500～1000	不明显
普通荧光灯	3～125	40～50	>60	2000～5000	明显
紧凑型荧光灯（电子节能灯）	3～105	50～105	>60	6000～8000	无
HID灯（HPS、MH）	35～1000	55～140	60～90	20000	不明显
LED	>0.01	60～130	40～97	40000	无

2. 照明材料的选择

（1）选用的阻燃型PVC塑料管，材质应具有阻燃、耐冲击的性能，氧指数不应低于27％的阻燃指标，并应有检定检验报告单和产品出厂合格证。

（2）阻燃型塑料管的外壁应有间距不大于1m的连续阻燃标记和制造厂厂标，管内外应光滑，无凸棱、凹陷、针孔、气泡等现象；内外径尺寸应符合国家统一标准，管壁厚度应均匀一致。

（3）灯头盒、开关盒、接线盒、插座盒、端接头、管箍等阻燃型塑料管附件及暗配阻燃型塑料制品，应使用配套的阻燃型塑料制品。

（4）阻燃型塑料灯头盒、开关盒和接线盒，均应外观整齐、开孔齐全、无劈裂、损坏等现象。

（5）照明辅助材料可选用镀锌钢丝、专用粘接剂等。

三、住宅建筑照明施工步骤

住宅建筑照明的施工步骤为：弹线定位→加工管弯→稳埋盒箱→暗敷管路→扫管穿带线。

1. 弹线定位

（1）按照设计图要求，在砖墙或各种混凝土墙上，确定盒、箱位置并进行弹线定位，根

据弹出的水平线,用小线和水平尺测量出盒、箱的准确位置并标注尺寸。

(2) 按照设计图灯位要求,在加气混凝土板、预制圆孔板(垫层内或板孔内暗敷管路)、现浇混凝土楼板、预制薄混凝土楼板上进行测量,并标注灯头盒的准确位置尺寸。

(3) 隔墙剔槽稳埋开关盒弹线。按照设计图要求,在砖墙、泡沫混凝土墙、石膏孔板墙和焦渣砖墙需要稳埋开关盒的位置,进行测量以便确定开关盒的准确位置尺寸。

2. 加工管弯

加工管弯的方法有冷煨法和热煨法两种。阻燃塑料管及其配件的敷设、安装和煨弯制作,均应在原材料规定的允许环境温度(不低于 −15℃)下进行。

1) 冷煨法

管径在 25mm 及其以下的阻燃管可采用冷煨法加工管弯。

(1) 断管。小管径的阻燃塑料管应使用剪管器进行断管,大管径的阻燃塑料管可使用钢锯断管,断口应锉平、锉光。

(2) 膝盖煨弯。先将弯管弹簧(简称弯簧)插入 PVC 管内需要煨弯处;然后用双手抓牢管子两头,顶在膝盖上并用手扳,直到煨出所需弯度;最后抽出弯簧。被弯管子较长时,可将弯簧用镀锌钢丝拴牢,方便拉出弯簧。

(3) 手扳弯管器煨弯。将管子插入配套的弯管器并用手扳,即可煨出所需弯度。

2) 热煨法

将弯管弹簧插入 PVC 管,并用电炉子、热风机等均匀烘烤管子煨弯处,直到管子可随意弯曲;然后将管子放在木板上,并固定一端;再逐步煨出所需管弯度,并用湿布抹擦使弯曲部位冷却定型;最后抽出弯簧。煨弯的管子不应出现烤伤、变色和破裂等现象。

3. 稳埋盒箱

(1) 盒、箱的固定应符合设计图和施工验收规范规定,平整牢固、灰浆饱满、收口平整,纵横坐标准确。

(2) 砖墙稳埋盒、箱。

① 预留盒、箱孔洞。按设计图确定盒、箱预留位置,并在距此位置约 300mm 处预留进入盒、箱的管子长度,将管子甩在盒、箱预留孔外,堵好管子端头,以备"一管一孔"进入盒、箱,稳埋完毕。

② 剔洞稳埋盒、箱后接短管。按弹出的水平线,对照设计图找出盒、箱的准确位置,然后剔出比盒、箱稍大一些的孔洞;再用水把洞内四壁浇湿,并将洞中杂物清理干净;最后依照管路的走向敲掉盒子的敲落孔,并将高标号水泥砂浆填入洞内,使盒、箱端正,待水泥砂浆凝固后接短管入盒、箱。

4. 暗敷管路

1) 管路连接

(1) 管路应使用套箍连接(含端接头接管)。可用小刷子蘸配套供应的塑料管粘接剂,均匀涂抹在管外壁上,并将管子插入套箍使管口到位。粘接剂应在粘接后 60s 内不移位,黏性保持时间要长,并具有防水性。

(2) 管路垂直或水平敷设时,每隔 1m 应有一个固定点,弯曲部位应以圆弧中心为起点距两端 300～500mm 处各加设一个固定点。

(3) 管进盒、箱应一管一孔。先接端接头并用内锁母固定在盒、箱上，然后在管孔上用顶帽型护口堵好管口，最后用纸或泡沫塑料块等柔软物件堵好盒口。

2) 管路暗敷设

(1) 现浇混凝土墙板内管路暗敷设。管路应敷设在两层钢筋中间，管进盒、箱时应煨成灯叉弯；管路每隔 1m 应用镀锌钢丝绑扎牢；弯曲部位应按要求固定，且向上引管不宜过长，以能煨弯为准；向墙外引管可使用"管帽"预留管口，拆模后取出"管帽"再接管。

(2) 滑升模板敷设管路。灯位管可先引至牛腿墙内，在滑模后支好顶板，再敷设管路至灯位。

(3) 现浇混凝土楼板管路暗敷设。弹出十字线确定灯头盒的位置；然后将端接头、内锁母固定在盒子的管孔上，用顶帽护口堵好管口和盒口；再将固定好的盒子用螺钉或短钢筋固定在底筋上；最后敷管。管路应敷设在弓筋的下面、底筋的上面，管路每隔 1m 应用镀锌钢丝绑扎牢；引向隔断墙的管子应使用"管帽"预留管口，拆模后取出管帽并再接管。

(4) 预制薄型混凝土模板管路暗敷设。确定好灯头盒尺寸位置；然后用电锤在板上面打孔，并在板下面扩出比灯头盒外径略大一些的孔；再用高桩盒安装好卡铁(轿杆)，接端接头并用内锁母将管子固定在盒子孔上；最后将高桩盒用水泥砂浆埋好，敷设管路。管路保护层以不小于 80mm 为宜。

(5) 预制圆孔板内管路暗敷设。土建施工的同时，电工应及时吊装圆孔板并敷设管路。施工时，先确定灯位位置尺寸，打灯位盒孔；然后将管子从圆孔板板孔内一端穿入至灯头盒处，并固定在灯头盒上；再将盒子用卡铁卡好位置；最后用水泥砂浆固定好盒子。

(6) 灰土层内管路暗敷设。灰土层夯实后应先挖管路槽；然后敷设管路；再在管路上用混凝土砂浆埋护，厚度应不小于 80mm。

5. 扫管穿带线

(1) 墙、楼板等现浇混凝土结构应及时进行扫管，即随拆模随扫管，及时发现堵管不通等现象，以便在混凝土未终凝时，修补管路。

(2) 砖混结构墙体抹灰前应扫管，发现问题及时修改管路，便于土建施工修复。扫管并确认管路畅通后，应及时穿好带线，并将管口、盒口、箱口堵好，加强成品配管保护，防止出现二次堵塞管路的现象。

1. 训练目的

(1) 学会住宅建筑照明材料工具的选择。

(2) 掌握弹线定位的方法。

(3) 掌握加工管弯的方法。

(4) 掌握暗敷管路的方法。

（5）培养学生动手操作的能力和职业素养。

2．训练器材

钢丝钳、钢锯、手锤、水平尺、墨盒、弯管弹簧、热风机、PVC管、暗装接线盒、配电箱、穿线钢丝、胶水等。

3．训练内容

（1）弹线定位。
（2）用冷煨法预制管弯。
（3）用热煨法预制管弯。
（4）稳埋接线盒和配电箱。
（5）管路连接和暗敷设。

考核评价

任务考核评价见表2-4。

表2-4　任务考核评价

考核内容	评价标准	分值	自评	小组互评	教师评价
工具使用	（1）工具使用不正确，每处扣1分； （2）不能正确保养工具，扣1分	5			
弹线定位	（1）不能按照设计图要求进行弹线定位，扣5分； （2）位置尺寸标注不正确，扣5分	10			
冷煨法预制管弯	（1）断口处不锉平，扣5分； （2）不能煨出所需弯度，扣5分	10			
热煨法预制管弯	（1）不能煨出所需弯度，扣5分； （2）煨管出现烤伤、变色、破裂，扣5分； （3）热风机使用不正确，扣5分	20			
稳埋接线盒和配电箱	（1）接线盒固定不平正，扣5分； （2）配电箱固定不平正，扣5分； （3）不符合设计图位置要求，扣5分； （4）施工工艺不正确，每处扣5分	30			
管路连接和暗敷设	（1）管路切断方法不正确，扣5分； （2）管口修整不正确，扣5分； （3）管路连接工艺不正确，扣5分； （4）管路敷设固定不正确，扣5分	20			
文明生产	（1）不服从指挥、违反安全操作规程，扣2分； （2）破坏仪器设备、浪费材料，扣5分	5			
总　分		100			

课后思考

(1) 简述住宅照明线路的设计要求。
(2) 简述家居场所照明线路设计标准值。
(3) 如何选择照明材料?
(4) 简述建筑住宅照明施工步骤。
(5) 加工管弯有哪两种方法?如何施工?
(6) 暗敷管路有哪几个步骤?应如何施工?
(7) 扫墙穿带线的目的是什么?

任务 2.2　办公照明线路的安装

 学习任务

(1) 了解办公照明线路的设计要求。
(2) 了解不同办公照明区域的要求。
(3) 熟悉办公照明线路的施工要求。
(4) 掌握办公照明灯具和光源的选择。
(5) 能进行办公照明线路的安装。

 知识链接

优质的办公照明设计要为办公室工作人员创造一个明亮舒适的光照环境,满足员工办公、沟通、思考和会议等功能的需要,还要保持区域间的统一性和舒适性,能有效地提高工作效率,并为办公室的来访者展示良好的形象。办公照明应符合照度要求,照度要均匀,要减少灯具的频闪效应和眩光,以减少办公人员的视觉疲劳。因此,办公室照明设计的首要任务是在没有自然光的工作场所或工作区域,创造一个适宜进行视觉工作的亮度环境。

一、办公照明线路的设计

1. 办公照明线路设计要求

1) 照度

办公室是工作人员长时间从事近距离视觉作业的地方,应有较高的照度要求。此外,照度还应具有一定的均匀度。一般照明场所,照度最小值与平均值的比值应大于 0.8;对于兼有一般照明和局部照明的场所,非工作区的平均照度不应低于工作区的一半,且不小于 300lx;对于两个相邻的区域(如办公室和走廊),平均照度的比值不应超过 5;较低照度区域的照度应不小于150lx。我国办公楼照明在国标中的照度标准值见表2-5。

表2-5 办公楼照明在国标中的照度标准值

房间或场所	参考平面及高度/m	照度标准值	现行光源功率/(W/m²)
普通办公室	高度为0.75m的水平面	300	11
高档办公室	高度为0.75m的水平面	500	18
会议室	高度为0.75m的水平面	300	11
接待室	高度为0.75m的水平面	300	11
营业厅	高度为0.75m的水平面	300	13
设计室	实际工作面	500	18
文件整理、复印、发行室	高度为0.75m的水平面	300	11
资料、档案室	高度为0.75m的水平面	200	8

2）节能

办公照明设计应选用节能型灯具，使用电子镇流器是照明节能的一个重要措施。与电感镇流器相比，电子镇流器自身功耗较小，且当灯管在高频状态下工作时，能提高光源效率10%。

3）光源

光源色温的选择应与整个室内设计的风格及环境气氛相适应，办公照明应选用含蓝色光谱线成分较多的冷色灯光（色温在4200～5300K），且同一室内的光源色温应保持一致。高色温光源具有效率感，适用于大开间办公室；低色温光源给人放松的感觉，适用于休息室。

各种不同光源混合使用时，它们的色表也应匹配。光源的选择还应注意频闪问题，通常情况下，以优质的电子镇流器荧光灯作为光源，可以消除频闪现象。

2．办公照明区域的设计

1）个人办公室照明

个人办公室的照明方式分为一般照明和局部照明两部分。一般照明主要覆盖办公桌及其周边，房间的其他部分可用局部照明来处理。

(1) 一般照明。办公室照明应保证垂直照明，光线以柔和为主，写字台的照度应达到500lx以上。

(2) 局部照明。在办公室的沙发旁设置台灯或地灯，在墙上设置小型射灯或壁灯，达到所需要的照明效果。

2）开放式办公室的照明

开放式办公室的照明方式可分为一般照明和局部照明两种。

(1) 一般照明。开放式办公室照明应保证所有工作位置都获得合适的照明，可通过规则排列嵌入或者吸顶式荧光灯具来实现，且灯具以直线状排列或网格状布置。

(2) 局部照明。局部照明可为开放式办公室提供明亮均匀的照明。配备局部照明时，可适当降低一般照明的水平。通常情况下，开放式办公室的一般照明和局部照明对作业区的照度贡献各占50%。

(3) 会议室。会议室的一般照明应给会议桌提供足够的照明。有窗户的会议室，背对窗户坐着的人的脸部应有一定的垂直照度；有投影设备的会议室，应调低照明水平，并将投影屏幕附近的灯具设置成独立控制灯具；室内的展示台，应辅以局部照明，提高展示面的照度，以达到最佳的照明效果。

(4) 走廊照明。走廊照明应采用垂直照明，荧光灯等线状灯具的横跨布置能使走廊显得更亮。

不同办公区域对照明的要求见表2-6。

表2-6　不同办公区域对照明的要求

技术参数	集中办公区域	单元办公区	会议办公区	公共区域
照度水平/lx	200～1000	工作体照明250～500，工作照明500～750	500～750	总体照明150～300
均匀性	≥0.8	≥0.8	≥0.8	不要求照度均匀性
光源色温/K	3500～4100	3500～4100	3500～4100	2700～6500
光源显色性	≥80	≥80	≥80	≥80

二、办公照明线路施工材料的选择

照明设计的宗旨是让合理的光线落在合适的地方，所以应该根据设计效果要求选择具有合适配光的灯具，还应注意灯具表面的亮度、遮光角和其他光学附件的选择。

1. 办公照明灯具的选择

由于照明方式的不同，不同办公室采用的照明灯具也不相同。按光线的投射方向，照明灯具可分为直接照明灯具、间接照明灯具和半间接照明灯具三种，分别适用于不同类型的照明区域。

(1) 直接照明灯具。直接照明的格栅灯具将光通量(90%～100%)集中地直接照射到工作面上，其利用效率高、立体感较强。

(2) 间接照明灯具。间接照明灯具的大部分光通量(90%～100%)通过顶棚、墙壁的反射照到工作桌面，10%以下的光线直接照射工作面。

(3) 半间接照明灯具。半间接照明灯具的大部分光通量(60%～90%)射向下半部空间，一小部分(10%～40%)向上照亮顶棚，改善了室内空间视亮度的关系，光线利用率较高，空间亮度增加，立体感增强，眩目较小。

2. 办公照明光源的选择

办公照明光源可选用日光色荧光灯或4200K以上的三基色荧光灯，采用裸灯管吸顶安装或金属反光荧光灯吊装。写字楼、绘图室、打字间常采用铝合金反光格栅荧光灯嵌入吊顶安装。公共走廊使用节能灯管，色温与办公照明光源一致。常用照明电光源的主要特性比较见表2-7。

表 2-7 常用照明电光源的主要特性比较

项目	光源名称					
	白炽灯	卤钨灯	荧光灯	荧光高压汞灯	金属卤化物灯	LED 灯
额定功率范围/W	10～100	500～2000	6～125	50～1000	400～1000	0.05 以上
光效/(lm/W)	6.5～19	19.5～21	25～67	30～50	60～80	80～140
平均寿命/h	1000	1500	2000～3000	2500～5000	2000	50000
显色指数	95～99	95～99	70～80	30～40	65～85	75～90
启动稳定时间	瞬时	瞬时	1～3s	4～8min	4～8min	瞬时
再启动时间	瞬时	瞬时	瞬时	5～10min	10～15min	瞬时
功率因数 $\cos\varphi$	1	1	0.33～0.7	0.44～0.67	0.4～0.61	0.95 以上
频闪效应	不明显	不明显	不明显	明显	明显	无
表面亮度	大	大	小	较大	大	大
电压变化对光通量的影响	大	大	较大	较大	较大	较大
环境温度对光通量的影响	小	小	大	较小	较小	较小
耐振性能	较差	差	较好	好	好	好
所需附件	无	无	镇流器，启辉器	镇流器	镇流器，触发器	无

不同电光源的适用场所及举例见表 2-8。

表 2-8 不同电光源的适用场所及举例

光源名称	适用场所	举例
白炽灯	（1）要求照度不高的生产厂房、仓库； （2）局部照明、事故照明； （3）要求频闪效应小的场所，开、关频繁的地方； （4）需要避免气体放电对无线电设备或测试设备产生干扰的场所； （5）需要调光的场所	高度较低的机加工车间、配电所、变电所、小型动力站房、仓库、办公室、礼堂、宿舍、厂区和次要道路等
卤钨灯	（1）照度要求较高，显色性要求较高，且无振动的场所； （2）要求频闪效应小的场所； （3）需要调光的场所	装配车间、精密机械加工车间及礼堂等
荧光灯	（1）悬挂高度较低，又需要较高照度的场所； （2）需要正确识别色彩的场所	表面处理、计量、仪表装配、主控制室、设计室、阅览室等
荧光高压汞灯	照度要求高，但对光色无特殊要求的场所	大中型机械加工车间、热加工车间、大中型动力站房等
管形氙灯	宜用于要求照明条件较好的大面积场所，或在短时间需要强光照明的地方，一般悬挂高度在 20m 以上	露天工作场地
金属卤化物灯	厂房高、要求照度较高、光色较好的场所	铸钢车间、铸铁车间的熔化工段、总装车间、冷焊车间等
高压钠灯	（1）需要照度高，但对光色无特殊要求的场所； （2）多烟尘的车间	铸钢车间、铸铁车间的熔化工段、清理工段、露天工作场地、厂区主要道路

3. 办公照明连接导线的选择

办公照明供配电系统中，电源线、配电干线及分支线可选用铜芯电缆或绝缘铜芯导线，并要求 25mm 以下电缆或导线在低压 380V/220V 三相四线制中选用的截面相同。

三、办公照明线路施工要求

1. 办公照明供配电系统

办公照明供配电线路应以单相支线供电，也可采用二相或三相的分支线对多盏灯供电（灯分别接于各相上）；照明支线的每一单相回路应不超过 15A；每一单相回路所接灯头数（包括插座）应不超过 25 个；给发光板、发光槽或两根以上荧光灯管的照明器材供电时，所接灯头数（包括插座）应不超过 50 个；每个分配电盘和线路的各相负荷应均衡分配。

2. 办公照明灯具布置

办公照明线路采用荧光灯时，应使灯具纵轴与水平视线相平行，不宜将灯具布置在工作位置的正前方，大开间办公室宜采用与外窗相同的布灯方式。

3. 办公照明电气线路的敷设

办公照明电气线路的敷设应注意防火安全。电气线路漏电、短路、过负荷、过电压、接触电阻过大及导线绝缘损坏或击穿而产生的电火花和电弧，是电气照明线路火灾的主要诱因。

4. 办公照明的控制

办公照明灯的控制应满足安全、节能、便于管理和维护等要求，照明的控制应采用多灯一控或隔一控一的方式。公共区走廊照明，电源引自应急照明电源，通过照明支路对灯具采用隔一控一的控制方式，并通过楼宇自动控制系统选择控制一路开启或两路同时点亮。

文件名称：照明灯具数量的选择与布置
文件类型：DOCX
文件大小：362KB

1. 训练目的

（1）熟悉办公照明线路的设计和施工要求。
（2）掌握办公照明灯具和光源的选择方法。
（3）掌握照明灯具数量的选择与布置方法。
（4）巩固识读照明平面图的能力。
（5）培养学生的动手操作能力及严谨的工作态度。

2. 训练器材

实训装置、白炽灯、三相插座、一字螺钉旋具、十字螺钉旋具、剥线钳、低压验电笔、万用表、导线若干等。

3. 训练内容

（1）某办公建筑照明平面图如图 2-1 所示，识读并在表 2-9 中填写该办公照明的线路走向、插座线路走向、灯具安装标注内容及选择各房间照度。

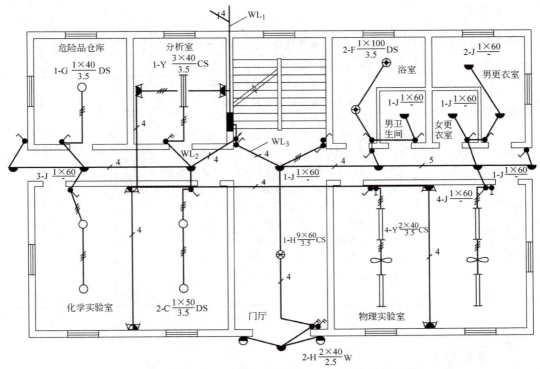

WL_1 为 BV-3×4+1×2.5-PV25-WC；WL_2、WL_3 为 BV-2×2.5-PV25-WC

图 2-1 某办公建筑照明平面图

表 2-9 办公照明的线路、插座、灯具安装、照度的选择

项　　目		分　　析
办公建筑照明平面图中照明线路的走向		
办公建筑照明平面图中插座线路的走向		
各房间灯具安装标注		
不同房间照度的选择及灯具数量	化学物理实验室	
	仓库、浴室、更衣室和走廊	

(2) 根据办公建筑照明平面图在实训台上进行配线练习。

 考核评价

任务考核评价见表 2-10。

表 2-10　任务考核评价

考核内容	评价标准	分值	自评	小组互评	教师评价
照明线路走向	照明线路走向分析不正确,每处扣 2 分	10			
插座线路走向	插座线路分析不正确,每处扣 2 分	10			
灯具安装标注内容	(1) 灯具功率分析不正确,每处扣 2 分; (2) 灯具安装高度分析不正确,每处扣 2 分; (3) 灯具类型分析不正确,每处扣 2 分; (4) 灯具安装形式分析不正确,每处扣 2 分	20			
不同房间照度选择及灯具数量分析	(1) 不同区域照度选择不正确,每处扣 2 分; (2) 不同区域灯具数量分析不正确,每处扣 2 分	10			
照明线路配线	(1) 导线连接不正确,每处扣 2 分; (2) 导线敷设路径不正确,每处扣 2 分; (3) 导线与设备连接不正确,每处扣 2 分	30			
插座线路配线	(1) 导线连接不正确,每处扣 2 分; (2) 导线敷设路径不正确,每处扣 2 分; (3) 导线与设备连接不正确,每处扣 2 分	20			
总　分		100			

 课后思考

(1) 什么是照度？办公楼照明的照度标准值是什么？
(2) 简述办公照明区域的设计要求。
(3) 如何选择办公照明灯具？
(4) 如何选择办公照明光源？
(5) 简述办公照明线路施工要求。

任务 2.3　应急照明线路的安装

 学习任务

(1) 了解应急照明的分类及照度要求。

(2) 了解应急灯的控制方式。
(3) 掌握应急照明线路的敷设方法。
(4) 掌握应急照明的布置和安装方法。
(5) 能进行应急照明灯具的安装。

知识链接

应急照明包括备用照明、安全照明和疏散照明,通常由与正常电源分开的馈电线路、发电机组、蓄电池组或组合电源等应急电源供电。其中,备用照明是在正常照明因故障熄灭后,供事故情况下暂时继续工作而设置的照明;安全照明是在正常照明因故障熄灭后,为确保处于危险中人们的安全而设置的照明;疏散照明是在正常照明因故障熄灭后,在事故情况下为确保人员安全从室内撤离而设置的照明。

一、应急照明的要求

1. 备用照明要求

备用照明的照度应不低于一般照明的10%,在高层建筑的消防控制中心、消防泵房、排烟机房、配电室和应急发电机房、电话总机房以及发生火灾时仍需坚持工作的场所,备用照明的照度应与正常照明的照度一致。

备用照明电源的切换时间应不超过15s,商业场所应不超过1.5s。备用照明电源的连续供电时间,一般场合应不小于20~30min;高层建筑的消防控制中心应维持1~2h;通信枢纽、变配电所等要求连续工作到正常照明恢复。

2. 安全照明要求

安全照明的照度应不低于正常照明照度的5%。危险作业场所的安全照明照度应提高到10%;急救中心、手术室、危重病人急诊室、外科处置室等医疗抢救场所的安全照明照度应与正常照明照度一致。

安全照明电源的切换时间不应超过0.5s。电源连续供电时间应按工作特点和实际需要确定,生产车间的安全照明电源持续供电时间为10min左右;手术室的安全照明电源则需要持续供电数小时。

3. 疏散照明要求

疏散照明的地面水平照度应不低于0.5lx。高层大型宾馆等复杂建筑、易发生跌倒和碰撞的场所、国家大会堂等重要的民用建筑应适当提高疏散照明的照度;以荧光灯作为疏散照明时,照度也应适当提高。

疏散照明电源的切换时间应不超过15s。疏散照明电源的连续供电时间应能保证将人员疏散到建筑物外并安排救援工作;用蓄电池供电的疏散照明持续时间应不小于20min;超过100m的高层建筑,疏散照明的持续供电时间应不小于30min。典型民用建筑或场所推荐的疏散照明运行方式和持续工作时间见表2-11。

表 2-11 典型民用建筑或场所推荐的疏散照明运行方式和持续工作时间

建筑物或场所	推荐运行方式	持续工作时间/h	灯具安装位置	备注
入口门厅	NM	0.5	顶棚或墙上	考虑保卫要求
走道	NM	0.5	设火灾报警处、地坪或方向变化处	
楼梯间	NM	0.5	每个休息平台的顶或墙	
剧场、音乐厅、舞厅	M	1.0	顶棚或墙上	规模较小的0.5h即可
体育馆	NM	0.5	顶棚或墙上	
展览馆	NM	0.5	顶棚或墙上	
商场	NM	0.5	顶棚或墙上	某些部位应与备用照明结合
旅馆	NM 或 M	1.5	顶棚或墙上	楼层较少或客户较少的可1.0h
医院	NM 或 M	1.5	顶棚或墙上	楼层较少或病房较少的可1.0h,手术室的安全照明需较长的工作持续时间
教学、科研建筑	NM	0.5	顶棚或墙上	
高层公寓及19层以上住宅楼	NM	0.5	公共走道、楼梯的顶棚或墙上	
室内停车场	NM	0.5	顶棚上	灯具应防破碎

二、应急照明线路的敷设

1. 应急灯的控制

(1) 自带电源型应急灯的控制。

① 正常电源故障时,应急灯应自动转换到由蓄电池供电。

② 应急灯附近不能装设就地通断应急灯的任何开关。

(2) 集中供电型应急灯的控制。

① 集中供电型应急灯持续运行、非持续运行或为组合式应急灯时,均应与正常照明灯分开控制与保护。

② 集中供电型应急灯可采用集中控制或分区集中控制,每个灯附近都不应装设就地通断的开关。

③ 分区集中控制应按楼层、建筑防火区划分控制区域。

④ 集中控制时,每个回路控制的灯数不宜太多;灯数较多时,应设多回路控制。

(3) 应急照明为非持续运行,且正常照明采用高强度气体放电灯的场所,正常电源恢复后,应延时 10~15min 再自动切断应急照明电源,确保正常照明在可靠点燃前仍有应急照明点亮。

2. 应急照明线路的敷设

(1)不同环境场所应急照明线路的敷设,应符合相关规定。

(2)正常照明线路的故障不应影响应急照明的使用,装设应符合以下规定。

① 应急照明线路与正常照明线路应分别敷设,不应穿在同一根管内。

② 应急照明线路与正常照明线路不能共用中性线,采用的配电系统的保护地线(PE线)不与中性线(N线)合为一根时,可共用保护地线(PE线)。

③ 应急照明线路配电箱与正常照明线路配电箱应分开设置,并将其设置在无火灾危险场所。

3. 疏散照明线路的敷设

(1)照明分支线路应按防火区进行划分,不宜跨越;需要跨越的配电干线应采取隔热和防火措施。

(2)线路不应穿过可燃烧物品仓库等易燃场所。

(3)线路采用普通电线和电缆时,应穿金属管或难燃硬质塑料电线管保护;暗敷时,应敷设在非燃烧体内,且保护层厚度应不小于 30mm;明敷时,金属管外壁应有防火保护措施,如涂抹丙烯酸乳胶防火涂料等。

(4)采用阻燃性或耐热电缆的线路,可敷设在具有防火性能的电缆竖井、电缆隧道、电缆槽或电缆沟内;竖井、隧道和地沟壁、盖板等建筑构件与建筑物的耐火等级应一致;竖井门应为相应的防火门。

(5)采用防火电缆或耐火电缆、电线的线路,可直接明敷在非燃烧体或难燃烧体构件上,且耐火电缆、电线的耐火时间应不低于应急照明的持续时间。

(6)穿过墙壁、楼板的电缆、电线,应有金属管保护;管与墙、板间应封严;管内应使用非燃材料堵塞。

(7)特别重要的建筑物,为应急照明供电的主要干线应采用防火电缆。

三、应急照明的布置安装

1. 应急照明灯

常见的应急照明灯图形如图 2-2 所示。

2. 应急照明的布置

应急照明布置规范如图 2-3 所示。用于人防工程的应急疏散标志灯的间距不应大于图中标注间距的 1/2。

3. 应急照明灯具的安装

(1)安装要求。应急照明线路安装时,灯具应使用符合消防标准的认定的产品;安装高度应根据设计要求确定并符合国家标准的规定;所有金属构件要经防腐处理;接地线应使用多芯软铜线;使用铁管作为穿线管,管径不能小于 15mm。

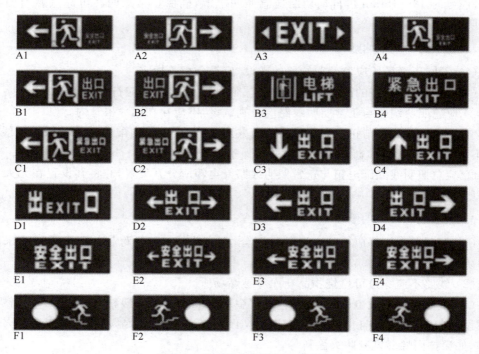

图 2-2　常见的应急照明灯图形

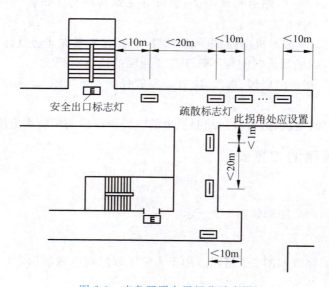

图 2-3　应急照明布置规范示意图

（2）施工方法。应急照明线路施工方法如图 2-4 所示。其中，方案Ⅰ圆圈处的两种施工方式如其右侧图形所示。

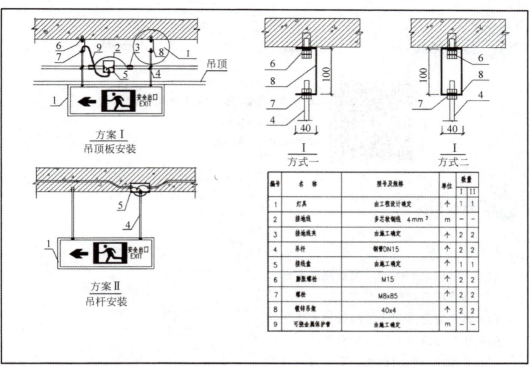
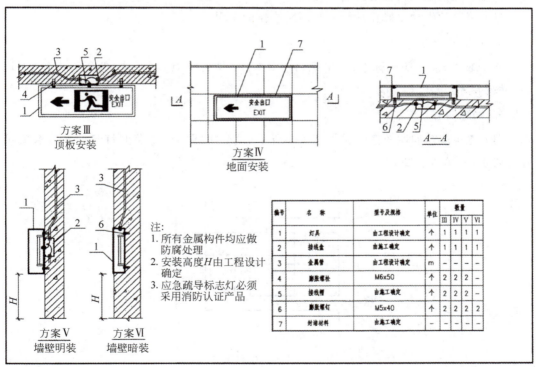

图 2-4 应急照明线路施工方法

 知识拓展

文件名称：应急照明电源及其控制
文件类型：DOCX
文件大小：26.3KB

 技能训练

1. 训练目的

(1) 了解应急照明的分类及照度要求。
(2) 熟悉应急灯的控制方式。
(3) 熟悉应急照明线路的敷设方法。
(4) 掌握应急照明灯具的布置。
(5) 掌握应急照明标志的安装方法。
(6) 培养学生动手操作的能力和团队协作的意识。

2. 训练器材

实训装置、应急照明标志、一字螺钉旋具、十字螺钉旋具、剥线钳、低压验电笔、万用表、导线若干。

3. 训练内容

(1) 建筑应急照明疏散线路如图 2-5 所示，试分析图中应急照明灯具的布置和安装施工要求，并填入表 2-12。

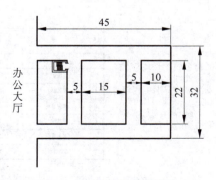

图 2-5 应急照明疏散线路

表 2-12　应急照明灯具的布置和安装施工要求

项　　目	分　　析
选择应急照明灯标志	
所选应急照明灯标志的图形符号	
安装要求	
在图上标注应急照明标志位置和间距	

（2）根据应急照明疏散线路图及表 2-12 的分析，在实训台上完成应急照明灯的安装。

考核评价

任务考核评价见表 2-13。

表 2-13　任务考核评价

考核内容	评价标准	分值	自评	小组互评	教师评价
工具使用	（1）工具使用不正确，每处扣 1 分； （2）不能正确保养工具，扣 1 分	5			
应急照明灯标志选择	应急标志种类选择不正确，每处扣 2 分	10			
所选应急照明灯标志的符号	应急标志符号填写不正确，每处扣 2 分	10			
安装要求	应急照明灯具安装要求填写不正确，每处扣 2 分	10			
图上应急照明标志位置和间距标注	（1）应急标志位置标注不正确，每处扣 2 分； （2）应急标志间的距离标注不正确，每处扣 5 分	10			
应急照明标志的安装	（1）应急照明标志安装位置不正确，每处扣 2 分； （2）应急照明标志的线路敷设方式不正确，每处扣 2 分； （3）应急照明标志与供电线路的连接方法不正确，扣 5 分； （4）应急照明标志通电测试过程不正确，扣 5 分	50			
文明生产	（1）不服从指挥、违反安全操作规程，扣 2 分； （2）破坏仪器设备、浪费材料，扣 5 分	5			
总　　分		100			

课后思考

(1) 简述应急照明的种类及适用范围。
(2) 简述应急照明的要求。
(3) 简述应急照明线路的敷设要求。
(4) 简述应急照明灯具安装的施工要求。
(5) 对疏散照明线路的敷设有哪些要求?

任务 2.4　荧光灯照明线路的安装与故障排除

 学习任务

(1) 了解荧光灯的组成及各部件的作用。
(2) 了解荧光灯的常用接线方法。
(3) 熟悉荧光灯安装使用注意事项。
(4) 掌握荧光灯的工作原理。
(5) 掌握荧光灯的安装顺序和安装方法。
(6) 掌握荧光灯照明线路常见故障的检测和排除方法。
(7) 能完成荧光灯灯具的组装、元件检测并能排除故障。

 知识链接

　　荧光灯照明线路是常见的照明线路之一,由灯管、镇流器、启辉器、灯座、支架和开关等组成。其中,灯管可看作电阻性负载,镇流器可看作一个电感线圈,因此,荧光灯照明线路可看作电阻和电感串联的电路,如图 2-6 所示。荧光灯的分类方式不同,按灯管形状,可分为直管形(粗管和细管)、环形和 U 字形;按阴极情况,可分为阴极荧光灯、冷阴极荧光灯、快速启动荧光灯和反射式荧光灯等多种形式;按发出的颜色不同,可分为日光色(色温 6500K,白中带青)、冷白色(色温 4300K)、暖白色(色温 2900K,略带黄色)和红、橙、黄、绿、蓝等多种彩色荧光灯。

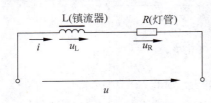

图 2-6　荧光灯照明等效电路

一、荧光灯照明线路工作原理

1) 荧光灯各部件作用

(1) 灯管。荧光灯灯管是内壁涂有荧光粉的玻璃管,灯丝通电时发射大量的电子,激发荧光灯粉发出白光。

（2）镇流器。镇流器又称限流器，是一个带有铁芯的电感线圈，具有自感作用。一方面，它在灯管启辉器瞬间产生脉冲高电压，使灯管点燃发光；另一方面，它在灯管工作时限制通过灯管的电流，使其不致过大而烧毁灯丝。

（3）启辉器。启辉器由氖泡和纸介电容组成。氖泡内充有氖气，并装有两个电极，一个是固定的静触片，另一个是用膨胀系数不同的双金属片制成的倒 U 形可动的动触片。启辉器在电路中起自动开关作用。

2）工作原理

荧光灯照明线路工作原理如图 2-7 所示。接通电源瞬间，荧光灯灯管不发光。当电源电压经镇流器和灯丝全部加在启辉器中的 U 形双金属片时，氖管产生辉光放电发热，金属片受热膨胀并向外伸张，与静触点接触，接通回路；电流使灯管的灯丝受热，产生热电子发射。与此同时，启辉器内 U 形双金属片与静触点接触使电压降为零，停止辉光放电，双金属片逐渐冷却并向里弯曲，与静触片断开；电路中电流的突然中断，导致镇流器的两端感应出高电压，并与电源电压一起加在灯管的两端，使管内的自由电子与水银蒸气碰撞电离，产生弧光放电。放电时发出的紫外线射到灯管内壁，激发荧光粉发出近似日光的可见光。

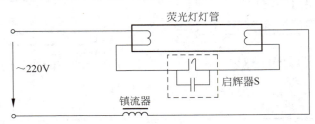

图 2-7 荧光灯工作原理示意图

二、荧光灯的安装

1. 接线方法

荧光灯常见接线方法如图 2-8 所示。

2. 安装方法

（1）准备灯架。按荧光灯灯管的长度要求，购置或制作与之配套的灯架。

（2）组装灯架。灯架的组装就是将镇流器、启辉器、灯座和灯管安装在灯架上，选用的镇流器应与电源电压、灯管功率相配套；启辉器的规格取决于灯管功率。组装时，镇流器应装在灯架中间或在镇流器上安装隔热装置；启辉器应安装在灯架上便于维修和更换的地点；两灯座之间的距离应合适，防止灯脚松动造成灯管掉落。

（3）固定灯架。灯架的固定方式有吸顶式和悬吊式两种。悬吊式又分为金属链条悬吊和钢管悬吊两种。安装前，应先在设计的固定点打孔预埋合适的紧固件，然后将灯架固定在紧固件上。

（4）组装接线。启辉器座上的两个接线端应分别与左右灯座的一个接线端相连；两个灯座的另外接线端，一个与电源的中性线相连，另一个与镇流器的一个出线头相连；镇流器的另一出线与电源相线相连。在恢复绝缘层的前提下，与镇流器连接的导线既可通过瓷接线桩连接,也可直接连接。接线完毕,应对照线路图仔细检查,避免错接或漏接。荧光灯的结构与接线如图2-9所示。

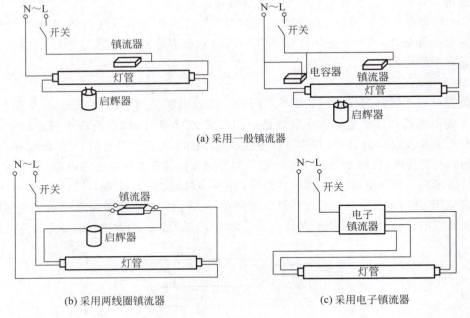

图2-8 荧光灯常用接线方法

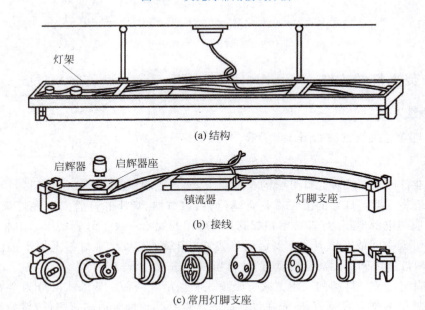

图2-9 荧光灯的结构与接线

(5)安装灯管。在插入式灯座上安装灯管时,应先将灯管一端灯脚插入带弹簧的一个灯座,然后稍用力使弹簧灯座活动部分向灯座内压出一小段距离,再将另一端顺势插入不带弹簧的灯座。在开启式灯座上安装灯管时,应先将灯管两端灯脚同时卡入灯座的开缝中,再用手握住灯管两端头旋转约 1/4 圈,使灯管的两个引脚被弹簧片卡紧,电路接通。灯管的安装方法如图 2-10 所示。

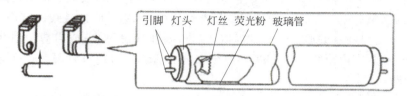

图 2-10　灯管的安装方法

(6) 安装启辉器。安装启辉器,就是把它直接旋放到启辉器底座上。

上述步骤完成后,可将开关、熔断器等按白炽灯的安装方法进行接线。经检查,确定无误后,即可通电试用。

3. 荧光灯安装使用注意事项

(1) 安装荧光灯时,应按图纸接线。

(2) 塑料软线的长度应按需截取,各连接的线端应搪锡处理,且两根导线间不能有接头,导线与灯脚的连接应使用 $4mm^2$ 的塑料软线。

(3) 荧光灯应采用弹簧式或旋转式专用配套灯座,确保灯脚与电源线接触良好,并能使灯管固定。采用的弹簧式灯座应有一定的压缩弹力,且压缩行程不能小于 10mm,左右应有 7°~15°的偏斜裕度;采用旋转式灯座时,灯座应有 5.9~19.6N·cm 的扭转力矩,以免接触不良或松脱。

(4) 为防止灯管脚松动跌落,应采用弹簧安全灯脚或用扎线将灯管固定在灯架上,不应使用导线直接连接到灯脚上。灯脚裸露,易酿成触电事故;启辉器启动时,灯管两端裸露的灯脚上的高脉冲电压,易造成短路现象;灯脚受重易弯曲变形,损坏灯管的密封结构。

(5) 荧光灯配用的导线不应受力,灯架应采用吊杆或吊链悬挂。

(6) 镇流器和启辉器的功率应与灯管功率配套。

(7) 镇流器应固定在灯架背部中央,启辉继电器应装在便于检修的位置,吸顶安装时,镇流器应有通风措施。

(8) 采用电感式镇流器时电路的功率因数较低($cos\varphi=0.4~0.6$),应在电源线路或灯具内设置电容补偿,使功率因数不低于 0.9。

(9) 机械加工车间不宜采用单荧光灯照明,应使用双荧光灯以消除频闪效应。采用高频电子镇流器或将相邻灯具分接在不同相序,可消除气体放电灯频闪。

(10) 荧光灯应减少启动次数,以延长其使用寿命,并防止灯管破碎(破碎的灯管要防止汞害)。

(11) 环形荧光灯的灯头松动后不能扭转,避免导线短路。

三、荧光灯照明线路常见故障排除

荧光灯照明线路常见故障,由电源、线路或荧光灯各部件等多方面原因引起。

1. 荧光灯灯管不发光

电源没有电或电源电压过低、电路中有断点或新装荧光灯接线错误，都是荧光灯接入线路后灯管不发光的直接原因。电源电压过低时，应调整电压，或减负荷运行降低电压损失，或避开高峰负荷时的先行启动运行；荧光灯接线错误时，应按接线原理图核对，并予以纠正。常见电路断点的原因有：启辉器与启辉器座接触不良，或启辉器损坏；灯脚与灯座接触不良，灯座内断线；灯丝断开，灯丝引线与管脚脱焊或灯管漏气；镇流器线圈短路；线路上断线。

荧光灯灯管不发光时，应按电源、启辉器、启辉器座、吊线盒线路、灯丝、灯座、镇流器等顺序逐一进行检查，发现故障及时排除。

（1）检查电源，确认有电后闭合开关。转动启辉器，检查启辉器与启辉器座接触是否良好。如灯管不发光，应取下启辉器，检查启辉器座内弹簧片弹性是否良好，失去弹性或损坏时应及时更换。

（2）启辉器检查并确认完好后，可用低压验电笔或万用表交流电压挡检测启辉器座有无电压，如图 2-11 所示。

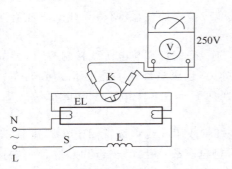

图 2-11　测量荧光灯灯管的工作电压

① 若启辉器座上有电压，启辉器损坏的可能性很大。应试换一只启辉器；也可手握尖嘴钳的绝缘柄将钳口适当张开或用一段两端剖削绝缘皮的导线，碰触启辉器座上的两个金属片，若灯管两端发光，则迅速将尖嘴钳或导线移开，灯管就会点亮。确认启辉器损坏后，应及时更换启辉器。

② 若启辉器座上无电压，应检查灯脚与灯座。握住灯管并转动，若灯管闪光，说明灯脚与灯座接触不良，可取下灯管，将灯座内弹簧片拨紧，再将灯管装上；若灯管仍不发光，则应打开吊线盒，检查有无电压。

（3）吊盒上无电压，表明断路点在线路上；用验电笔测试吊盒的两个接线端，若电笔均发光，表明吊盒前的中性线断路。

（4）如果吊盒内电压正常，则应检查灯管灯丝的通断情况，如图 2-12 所示。用万用表 $R \times 1$ 挡测量灯管两端灯丝电阻时，其冷态电阻应与正常灯丝冷态电阻相当；用串灯或小灯泡检查时，灯泡发光，则灯丝是完好的。荧光灯灯丝冷态电阻值见表 2-14。

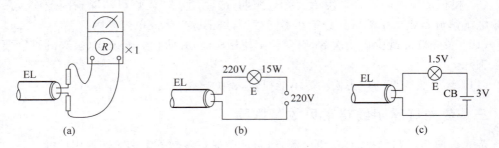

图 2-12　荧光灯灯丝检查

表 2-14　荧光灯灯丝冷态电阻值

功率/W	6～8	15～40
冷态电阻/Ω	15～18	3.5～40

灯丝与灯脚脱焊时,应使用电烙铁在原焊点上焊牢固。必要时,应先将灯管的灯脚轻轻撬下重新焊好,然后用胶粘牢,再用万用表电阻挡测量,检查灯丝的通断。

(5) 灯管灯丝检查并确认完好后,应进一步检查灯座接线,最后检查镇流器。用万用表 $R\times1$ 挡或 $R\times10$ 挡测量已断开电路的镇流器,其正常冷态电阻值见表 2-15;若镇流器内部断线,应及时更换。

表 2-15　镇流器正常冷态电阻值

规格/W	6～8	15～20	30～40
冷态电阻/Ω	80～100	28～32	24～20

2. 灯管两端发黑或生黑斑

荧光灯灯管通常有正常发黑、早期发黑及汞发黑三种故障现象。

(1) 正常发黑。灯管点燃时间接近或超过规定的使用寿命时,距灯管两端 50～60mm,会产生正常的发黑现象,说明灯丝上的电子发射物质即将耗尽,应及时更换灯管。

(2) 早期发黑。新灯管点燃不久,灯丝上的电子发射物质飞溅得太快,使管壁两端发黑。灯管质量差、附件质量差或配套规格不符合要求以及电压波动过大和开关的开闭次数频繁,都能引起灯管的早期发黑。

(3) 汞发黑。灯管内加入的微量汞,在灯管放电时产生波长为 $2537\text{Å}(1\text{Å}=1\times10^{-10}\text{m})$ 的紫外线,紫外线激发荧光粉发光。若汞量太少,荧光不足;反之汞过量时,则会超过管内的水银饱和蒸气压。此时汞就会吸附在荧光层(管壁)上,出现黑斑,其发黑部位不一定在灯管两端,但不影响正常使用。

3. 灯管两端亮或红光,中间不亮

灯管长期处于预热状态,启辉器不断开,镇流器就不能产生自感电动势,灯管不能正常点燃,造成灯管两端亮、中间不亮。此时应将启辉器拧下,若灯管正常发光,表明启辉器损坏。当灯管慢性漏气时,灯管两端会发出像白炽灯似的红光(灯管中间不亮),此时应更换灯管。

启辉器损坏应考虑有以下两种情况。

(1) 双金属片动触点与静触点焊死,导致不能断开。检查时应将启辉器从壳内取出观察,正常时应为断路。

(2) 启辉器内并联的电容器被击穿时,应用 0.005/400V 的纸介电容将其替换。若暂时不能更换,启辉器也能使用,但会干扰周围的无线电设备。

4. 灯管闪烁不定或有螺旋形光带

(1) 环境温度较低时,管内气体不易电离,荧光灯启动困难,需启辉器多次跳动,灯管

才能点燃，有时启辉器跳动不止而灯管仍不能正常发光。灯管难以跳亮还与天气潮湿、电源电压低于荧光灯的最低启动电压（额定电压220V的灯管规定的最低启动电压为180V）、灯管衰老、镇流器与灯管不配套、启辉器有故障等因素有关。如果不是电压、温度、湿度的问题，则应更换灯管或启辉器试一次；镇流器与灯管不配套，应及时调换。启辉器长期跳动而荧光灯不能正常工作时，应迅速检查处理，以免影响荧光灯灯管寿命。

（2）灯管质量差、镇流器工作电流过大或新灯管出厂前老化时间不够，均容易造成灯管正常启动后，灯管内出现螺旋形光带（俗称"打滚"）。

灯管内气体不纯或出厂前老化时间不够易导致新灯管接入电路，刚点燃就出现"打滚"现象。此时需反复启动几次荧光灯，即可使灯管趋于正常运行状态。新灯管点燃数小时后出现"打滚"现象，且反复启动不能消除，缘于灯管玻璃内壁受热放出气体，属于灯管质量问题。

镇流器工作电流过大也能引起新灯管的"打滚"现象。过大的工作电流使灯丝过热，加剧阴极电子发射物质的扩散，灯管早期发黑而报废。所以测得运行中的镇流器工作电流应与荧光灯灯管正常工作电流相当，荧光灯灯管电压、电流额定值见表2-16。

表2-16 荧光灯灯管电压、电流额定参考值

灯管型号	功率/W	工作电流/A	预热电流/mA	工作电压/V	灯头型号
YZ8	8	150	200	60±6	G5
YZ15	15	330	500	51±7	G13
YZ20	20	370	550	50±7	
YZ20（细管）	20	360	—	59	
YZ30	30	405	620	81±10	
YZ40	40	450	650	103±10	
YZ40（细管）	40	450	—	107	
YZK40（预热式快速启动）	40	430	—	103	

测量镇流器工作电流，应选用交流电流表或万用表的交流电流挡，量程选用1A挡。测量时，应将电路中的开关打开，电流表的两根引线分别接在开关的两个接线柱上，如图2-13所示。若测量电流值过大，则镇流器质量有问题，应及时更换新品。

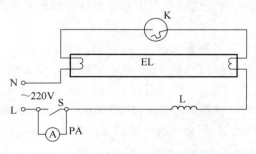

图2-13 荧光灯镇流器工作电流的测量

5. 新灯管通电时,灯丝烧断或冒烟

(1) 新装荧光灯线路接错、镇流器有短路或灯管质量太差,将导致灯管接入电路灯丝立即烧断的现象。因此,对于新装荧光灯,应先检查电路,再检查镇流器。并用万用表 $R \times 1$ 挡或 $R \times 10$ 挡,测量镇流器冷态电阻值,比参考值小得多,表明短路情况严重,应更换镇流器。若镇流器参数良好,则是灯管质量差。

(2) 荧光灯通电后,灯管立即冒白烟,应是灯管漏气所致。

6. 镇流器过热及噪声

镇流器的允许温升一般不应超过 65℃。镇流器质量差、电源电压过高或启辉器内元器件故障时,将引起镇流器过热或绝缘胶外溢现象。

(1) 镇流器过热时,应测量荧光灯电路中的电流,或同时测量镇流器的电流和电压,如图 2-14 所示。将调压器电压调到启动电压值,测工作电流值。若镇流器匝间短路造成阻抗降低而使电流过高时,应更换镇流器。启辉器中的电容器短路或启辉器中的动、静触点焊死跳不开时,电路中流过的预热电流(此时灯管两端亮中间不亮)将导致镇流器过热,此时应及时排除启辉器故障。

(2) 镇流器的噪声也称蜂音。由于镇流器为电磁元件,镇流器中通过交流电时出现噪声是正常的,但噪声不能过大(距镇流器 1m 处听不到蜂音的,为合格产品)。电源电压过高、安装位置不当或镇流器质量不好,都会使镇流器噪声过大。电源电压过高时,镇流器会因过载而加剧电磁振动,此时应降压使用;镇流器安装位置不当时,将引起周围

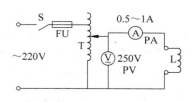

图 2-14 镇流器电压和电流的测量

物体的共振,此时应改变安装位置;镇流器质量不好时,内部铁芯会松动,只能采用更换的办法消除噪声。

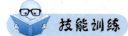

1. 训练目的

(1) 熟悉荧光灯内各器件的作用和工作原理。
(2) 掌握荧光灯灯具的组装方法。
(3) 掌握荧光灯常见故障的检测方法。
(4) 培养学生动手操作能力和团队协作意识。

2. 训练器材

荧光灯灯具、一字螺钉旋具、十字螺钉旋具、剥线钳、低压验电笔、万用表、导线若干。

3. 训练内容

(1) 元器件检查。
(2) 荧光灯灯具的组装。

(3) 荧光灯常见故障排除。

 考核评价

任务考核评价见表2-17。

表2-17 任务考核评价

考核内容	评价标准	分值	自评	小组互评	教师评价
工具使用	(1) 工具使用不正确,每处扣1分; (2) 不能正确保养工具,扣1分	5			
元器件检查	(1) 灯管检测方法不正确,扣5分; (2) 镇流器检测方法不正确,扣5分; (3) 启辉器检测方法不正确,扣5分	30			
荧光灯灯具的组装	(1) 灯架组装不正确,扣5分; (2) 灯座之间距离不合适,扣5分; (3) 灯架安装不牢固,扣5分; (4) 接线不正确,扣5分	30			
荧光灯常见故障排除	(1) 故障检测步骤不正确,扣5分; (2) 接线故障排查不正确,扣5分; (3) 元件连接不正确,扣5分	30			
文明生产	(1) 不服从指挥、违反安全操作规程,扣2分; (2) 破坏仪器设备、浪费材料,扣5分	5			
总 分		100			

 课后思考

(1) 荧光灯照明线路由哪些部分组成?各主要器件的作用是什么?
(2) 画出荧光灯照明线路的等效电路。
(3) 简述荧光灯照明线路的工作原理。
(4) 简述荧光灯灯具的组装顺序和方法。
(5) 简述荧光灯安装使用的注意事项。
(6) 荧光灯接入电路后不发光的原因是什么?
(7) 如何进行荧光灯灯丝检查?
(8) 简述灯管两端发黑或生黑斑的原因。
(9) 简述灯管闪烁不定或有螺旋形光带的原因。
(10) 如何测量荧光灯镇流器的工作电压。
(11) 镇流器噪声过大有哪些原因?
(12) 如何测量荧光灯灯管的工作电压?

项目 3

车间及室外照明线路的安装

任务 3.1 车间照明线路的安装

(1) 了解车间照明线路的照明方式及设计要求。
(2) 了解车间照明光源、灯具及其数量的选择方法。
(3) 了解车间照明线路施工材料的选用要求。
(4) 掌握车间照明线路施工的工艺流程。
(5) 掌握车间照明线路的安装要求和施工方法。
(6) 能完成金属线槽的安装。

照明质量是衡量工厂照明设计优劣的标志。工厂照明设计的照度值应根据国家标准《建筑照明设计标准》(GB 50034—2004)的规定选取,车间照明的照度标准还应按相关行业的规定,选用效率高和配光曲线合适的灯具,即按室形指数 RI 值选取悬挂在车间房架上的不同配光的灯具,方形厂房室形指数 RI 计算公式为

$$RI = \frac{A \times B}{H(A+B)}$$

式中,A 为房间宽度(m);B 为房间长度(m);H 为灯具计算高度(m)。

车间照明设计还包括选用色温适当和显色指数符合生产要求的照明光源;照度的均匀度(作业区域内不应小于 0.7,作业区邻近场所不应小于 0.5);满足照明直接眩光限制的质量要求(统一眩光值 UGR:一般为 22,精细加工为 19);采取措施减小电压波动、电压闪变对照明的影响和防止频闪效应;照明装置允许的工作电压等方面。

一、车间照明线路设计

1. 设计要求

(1) 在保证不降低作业视觉要求的前提下,有效地利用照明用电。

(2) 高大厂房宜采用光效高、寿命长的高强气体放电灯及混光照明,除特殊情况外,不宜采用卤钨灯、白炽灯和自镇流式荧光高压汞灯。

(3) 选用效率高、利用系数高、配光合理、保持率高的灯具,并在保证照明质量的前提下,优先选用开启式灯具,避免采用装有格栅、保护罩等附件的灯具。

(4) 根据视觉作业要求,确定合理的照度标准值、选用合适的照明方式。在要求照度标准值较高的场所,可增设局部照明;同一照明房间内,当工作区的某一部分或几个部分需要高照度时,可采用分区一般照明方式。

(5) 室内顶棚、墙面和地面应采用浅颜色的装饰。

(6) 车间照明用电应单独计量。

(7) 大面积使用气体放电灯的车间,装设功率因数应不低于0.85的补偿电容器。

(8) 车间照明线路应按工段分区设置开关。

2. 照明方式的选择

(1) 照度要求较高、工作位置密度不大以及单独采用一般照明不合理的场所,应采用混合照明。

(2) 对作业照度要求不高或受生产技术条件限制不适合装设局部照明,或采用混合照明不合理时,应单独采用一般照明。

(3) 需要高于一般照明照度的工作区时,应采用分区一般照明。

(4) 分区一般照明不能满足照度要求时,应增设局部照明。

(5) 工作区内不应只装设局部照明。

3. 车间照明供电要求

(1) 在工厂照明供电系统中,照明灯的端电压应不高于其额定电压的105%,也不应低于其额定电压的下列值。

① 一般工作场所为95%。

② 露天工作场所、远离变电所的小面积工作场所的照明难以满足95%时,可降到90%。

③ 应急照明、道路照明、警卫照明及电压为12~42V的照明为90%。

(2) 易触及而又无防触电措施的固定式或移动式灯具,其安装高度距地面2.2m及其以下,且具有下列条件之一时,其使用电压应不超过24V。

① 特别潮湿的场所。

② 高温场所。

③ 具有导电灰尘的场所。

④ 具有导电地面的场所。

(3) 在工作场所的狭窄地点,且作业者接触大块金属面,如在锅炉、金属容器内等,使用的手提行灯电压不应超过 12V。

二、车间照明材料及照度的选择

1. 车间照明光源的选择

工厂照明光源取决于生产工艺的特点和要求,光源应采用三基色细管径直管荧光灯、金属卤化物灯或高压钠灯;光源点距地面高度在 4m 及以下时,宜选用细管荧光灯;高度较高的厂房(6m 以上)可采用金属卤化物灯;无显色要求的可用高压钠灯。

工厂照明中,对防止电磁干扰要求严格的场所、开关灯频繁的场所、照度要求不高且照明时间较短的场所、局部照明及临时使用照明的场所,均可使用白炽灯。在光谱分析室、化学实验室等需要严格识别颜色的场所,应采用高显色三基色荧光灯。

2. 车间照明灯具的选择

工厂照明灯具的选择应按环境条件、满足工作和生产条件进行,并适当注意外形美观、安装方便、与建筑物协调等因素,做到技术上、经济上的合理。

不同环境条件的工作场所,灯具选用情况如下。

(1) 特别潮湿的场所,应选用防潮灯具或带防水灯头的开启式灯具。

(2) 有腐蚀性气体和蒸汽的场所,应选用耐腐蚀性材料制成的密闭式灯具;若选用开启式灯具,各部分均应有防腐蚀和防水措施。

(3) 高温场所应选用带有散热孔的开启式灯具。

(4) 有尘埃的场所,应按防尘保护等级分类选择合适的灯具。

(5) 在装有锻锤、重级工作制桥式吊车等振动和摆动较大的场所,应选用有防振措施和保护网的灯具,以防灯泡自动松脱、掉下。

(6) 易受机械损伤的场所,应选用加保护网的灯具。

(7) 有爆炸和火灾危险的场所,选用的灯具应符合现行国家标准和规范的有关规定。

3. 灯具数量的选择

车间照明灯具数量的选择,应采用系数法,即

$$N = \frac{E_{av} \times A}{C \times U \times K}$$

式中,E_{av} 为平均照度(lx);A 为房间面积(m^2);C 为单个灯具光源总光通量(lm)(在照明手册中查找);U 为利用系数;K 为维护系数。

例如,12m×13m 的车间,若每个灯具光源总光通量为 6700lm、利用系数为 0.59、维护系数为 0.8,则车间安装灯具数量 $N = \frac{E_{av} \times A}{C \times U \times K} = \frac{300 \times 12 \times 13}{6700 \times 0.59 \times 0.8} \approx 14.799$,即车间安装灯具数量应为 15 盏。

4. 车间照明线路施工材料选用要求

(1) 金属线槽及其附件,应采用经过镀锌处理的定型产品,其型号、规格应符合设计要求;线槽内外应光滑平整、无棱刺,无扭曲、翘边等变形现象。

(2) 绝缘导线的型号、规格必须符合设计要求,并有产品合格证。

（3）螺旋接线钮应适用于 6mm² 以下的铝导线压接，选用时应根据导线截面和导线根数选择相应型号的加强型绝缘钢壳螺旋接线钮。

（4）套管可分为铜套管、铝套管及铜铝过渡套管，套管的选用应与导线的材质相同且规格一致。

（5）金属膨胀螺栓的选择应根据允许拉力和剪力进行。

（6）应根据导线截面及根数选用接线端子。

（7）采用钢板、圆钢、扁钢、角钢、螺栓、螺母、螺钉、垫圈、弹簧垫等金属材料做电工工件时，都应经过镀锌处理。

（8）车间照明线路施工用辅助材料有钻头、电焊条、氧气、乙炔、调和漆、焊锡、焊剂、橡胶绝缘带、塑料绝缘带和黑胶布等。

三、车间照明线路安装

1. 施工工具

铅笔、卷尺、线坠、粗线袋、锡锅、喷灯、电工工具、手电钻、冲击钻、兆欧表、万用表、工具袋、工具箱、高凳等。

2. 工艺流程

安装车间照明线路的工艺流程如图 3-1 所示。

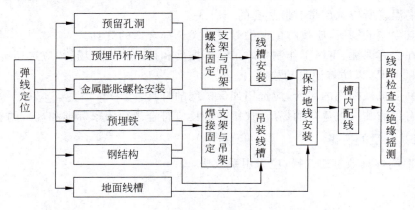

图 3-1 安装车间照明线路的工艺流程

3. 施工要求

（1）线槽敷设。线槽应紧贴建筑物表面，固定牢靠、横平竖直、布置合理，盖板无翘角、接口严密整齐，拐角、转角、丁字连接、转弯连接应严实，线槽内外无污染。

（2）支架与吊架的安装。可用金属膨胀螺栓固定或焊接支架与吊架，也可采用万能卡具固定线槽，支架与吊架应布置合理、固定牢固、平整。

（3）线路保护。线路穿过梁、墙、楼板等处时，线槽不应被抹死在建筑物上；跨越建筑物变形缝处的线槽底板应断开，导线和保护地线均应留有补偿余量；线槽应与电气器具连接严密，导线无外露现象。

(4) 导线的连接。导线的连接要牢固、包扎严密、绝缘良好,不伤线芯,接头应设置在器具或接线盒内,线槽内无接头。

(5) 允许偏差项目。线槽水平或垂直敷设直线部分的平直度和垂直度的允许偏差不应超过 5mm。

4. 施工方法

1) 弹线定位

根据设计图确定出进户线、盒、箱、柜等电气器具的安装位置,从始端至终端(先干线后支线)找好水平或垂直线,用粉线袋沿墙壁、顶棚和地面等处,在线路的中心线进行弹线,并按设计要求及施工验收规范,划分匀挡距并用笔标出具体位置。

2) 预留孔洞

按设计图标注的轴线部位,将预制好的木质或铁制框架固定在标出的位置上,进行调直找正,待现浇混凝土凝固模板拆除后拆下框架,抹平孔洞口。

3) 预埋吊杆吊架

将直径不小于 5mm 的圆钢经过切割、调直、煨弯及焊接等步骤,制成吊杆吊架,端部攻丝以便调整。配合土建结构时,应随钢筋上配筋将吊杆或吊架锚固在所标出的位置上。在混凝土浇筑时,应防止吊杆或吊架移位,拆模板时应保护好吊杆端部的丝扣。

4) 金属膨胀螺栓安装

先沿墙壁或顶板弹线定位,标出固定点的位置;然后根据支架式吊架承受的荷重,选择相应的金属膨胀螺栓及钻头,所选钻头长度应大于套管长度;打孔深度应将套管全部埋入墙内或顶板内,且与其平齐;再清除孔洞内的碎屑,用木锤或铁锤垫木块将膨胀螺栓敲进洞内,保证套管与建筑物表面平齐,螺栓端部外露,且敲击时不得损伤螺栓的丝扣;最后用螺母配上相应的垫圈将支架或吊架直接固定在金属膨胀螺栓上。

5) 预埋铁

预埋铁如图 3-2 所示,自制加工尺寸不应小于 120mm×60mm×6mm,其锚固圆钢的直径不应小于 5mm。配合土建结构的施工,将预埋铁的平面紧贴模板放在钢筋网片下面,将锚固圆钢绑扎或焊接固定在钢筋网上。模板拆除后,预埋铁的平面应明露或吃进深度一般在 10~20mm,在上面用扁钢或角钢制成的支架、吊架焊接固定。

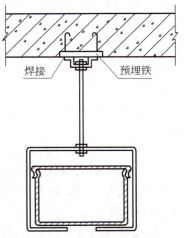

图 3-2 预埋铁施工

6) 钢结构

在钢结构的固定位置上焊接支架或吊架,也可用万能吊具进行安装。

7) 线槽的安装

(1) 安装要求。

① 线槽应平整、无扭曲变形、内壁无毛刺,各种附件齐全。

② 线槽的接口应平整,接缝处应紧密平直。槽盖装上后应平整,无翘角,出线口的位置准确。

③ 在敷设不上人吊顶时,应留有检修孔。
④ 不允许将穿过墙壁的线槽与墙上的孔洞一起抹死。
⑤ 线槽的所有非导电部分的铁件均应相互连接和跨接,成为一连续导体,并做好整体接地。
⑥ 当线槽的底板对地距离小于 2.4m 时,线槽本身及其盖板均必须加装保护地线。对地距离为 2.4m 以上的线槽盖板可不加保护地线。
⑦ 线槽经过建筑物的变形缝(伸缩缝、沉降缝)时,线槽本身应断开,槽内用内连接板搭接,不需固定。保护地线和槽内导线均应留有补偿余量。

(2) 安装方法。

线槽安装方法如图 3-3 所示。

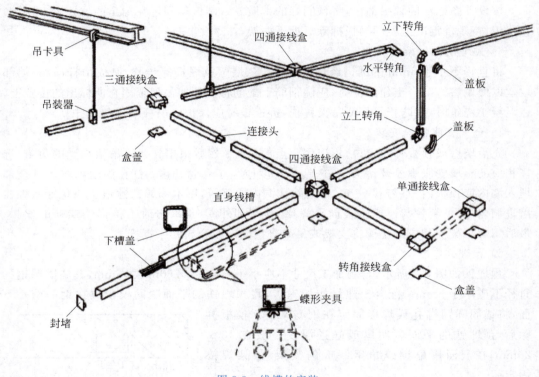

图 3-3　线槽的安装

① 线槽直线段连接应采用连接板,用垫圈、弹簧垫圈、螺母紧固,接茬处应缝隙严密平齐。
② 线槽的交叉、转弯、丁字连接,应采用单通、二通、三通、四通或平面二通、平面三通等进行变通连接,导线接头处应设置接线盒或将导线接头放在电气器具内。
③ 线槽与盒、箱、柜等接茬时,进线和出线口等处应采用抱脚连接,并用螺钉紧固,末端应加装封堵。
④ 线槽应随建筑物的表面坡度而变化其坡度。敷设完毕后,进行调整检查。确认合格后,再进行槽内配线。

8) 金属线槽的安装

万能型吊具通常应用在工字钢、角钢、轻钢龙骨等钢结构中,可先将吊具、卡具、吊杆、吊装器组装成一个整体,在标出的固定点位置处进行吊装,逐件地将吊装卡具压接在钢结构上,将顶丝拧牢固。

(1) 组装线槽直线段时,应先做干线,再做分支线,将吊装器与线槽用蝶形夹卡固定在一起,按此方法,将线槽逐段组装成形。

(2) 线槽之间可采用内连接头或外连接头连接,配平垫和弹簧垫用螺母紧固。

(3) 线槽交叉、丁字、十字应采用二通、三通、四通进行连接,导线接头处应设置接线盒或放置在电气器具内,线槽内绝对不允许有导线接头。

(4) 转弯部位应采用立上弯头和立下弯头,安装角度要适宜。

(5) 出线口处应利用出线口盒进行连接,末端部位要装上封堵,在盒、箱、柜进出线处应采用抱脚连接。

9) 地面线槽安装

地面线槽安装应及时配合土建地面工程施工。根据地面的形式,先抄平,然后测定固定点位置,线槽上好卧脚螺栓和压板,并水平放置在垫层上,再进行线槽连接。线槽与管、线槽与分线盒、分线盒与管的连接、线槽出线口连接、线槽末端处理等,都应安装到位,螺钉紧固牢靠。地面线槽及附件全部上好后,再进行一次系统调整,使线槽干线、分支线、分线盒接头、转弯、转角、出口等处,水平高度与地面平齐,将各种盒盖盖好或堵严实,以防止水泥砂浆进入,直至配合土建地面施工结束为止。

10) 线槽内保护地线安装

保护地线应敷设在线槽内一侧,接地处螺钉直径不应小于6mm;并加平垫和弹簧垫圈,用螺母压接牢固。金属线槽的宽度在100mm以内(含100mm),两端线槽用连接板连接的保护地线每端螺钉固定点不少于4个;宽度在200mm以上(含200mm)不少于6个。

11) 线槽内配线

(1) 配线要求。

① 线槽内配线前应清除线槽内的积水和污物。

② 在同一线槽内(包括绝缘在内)的导线截面积总和应该不超过内部截面积的40%。

③ 线槽底向下配线时,应将分支导线分别用尼龙绑扎带绑扎成束,并固定在线槽底板下,以防导线下坠。

④ 不同电压、不同回路、不同频率的导线放在同一线槽内需加隔板。下列情况时,可直接放在同一线槽内:电压在65V及以下,同一设备或同一流水线的动力和控制回路,照明花灯的所有回路,三相四线制的照明回路。

⑤ 导线较多时,可采用导线外皮颜色区分相序,也可在导线端头和转弯处做标记的方法来区分。

⑥ 在穿越建筑物的变形缝时,导线应留有补偿余量。

⑦ 接线盒内的导线预留长度不应超过15cm;盘、箱内的导线预留长度应为其周长的1/2。

⑧ 从室外引入室内的导线,穿过墙外的一段应采用橡胶绝缘导线,不允许采用塑料

绝缘导线。穿墙保护管的外侧应有防水措施。

(2) 配线方法。

① 清扫线槽。明敷线槽可用抹布擦净线槽内残存的杂物和积水，使线槽内外保持清洁；地面内暗敷的线槽，先将带线穿通至出线口，然后将布条绑在带线一端，从另一端将布条拉出，反复多次就可将线槽内的杂物和积水清理干净。也可用空气压缩机将线槽内的杂物和积水吹出。

② 放线。先检查管与线槽连接处的护口是否齐全，导线和保护地线的选择是否符合设计图的要求，管进入盒时内外根母是否锁紧，确认无误后再放线。放线方法是先将导线抻直、捋顺，盘成大圈或放在放线架（车）上，从始端到终端（先干线，后支线）边放边整理，不应出现挤压背扣、扭结、损伤导线等现象。每个分支应采用尼龙绑扎带绑扎成束，不允许使用金属导线绑扎。地面线槽放线可将导线放开、抻直、捋顺，削去端部绝缘层，并做好标记，再把芯线绑扎在带线上，然后从另一端抽出即可。放线时应逐段进行。

③ 导线连接要求。同一回路的所有相线和中性线，应敷设在同一金属线槽内。同一路径无干扰的线路，可敷设在同一金属线槽内。在室内采用电缆桥架布线时，其电缆不应有黄麻或其他易燃材料外护层。在有腐蚀或特别潮湿的场所采用电缆桥架布线时，应根据腐蚀介质的不同采取相应的防护措施，并宜选用塑料护套电缆。

导线连接的目的是使连接处的接触电阻最小，机械强度和绝缘强度均不降低。连接时应正确区分相线、中性线、保护地线。区分方法是：用绝缘导线的外皮颜色区分，使用仪表测试对号并做标记，确认无误后方可连接。

文件名称：生产车间和作业场所工作面上的照度标准
文件类型：DOCX
文件大小：45.8KB

1. 训练目的

(1) 熟悉车间照明线路施工的工艺流程。
(2) 掌握车间照明线路的安装要求和施工方法。
(3) 掌握金属线槽的安装。
(4) 培养学生理论联系实际及动手操作能力。

2. 训练器材

螺钉旋具、电工刀、剥线钳、尖嘴钳、活络扳手、单股铜线、多股铜线、压接螺钉、绝缘材料、铅笔、卷尺、线坠、粗线袋、钢锯、手电钻、冲击钻、兆欧表、万用表、金属线槽、高凳等。

3. 训练内容

(1) 切割 3 根 0.5m 金属线槽。

(2) 金属线槽直线连接。

(3) 金属线槽直角连接。

(4) 金属线槽接地线连接。

(5) 金属线槽吊顶安装。

(6) 金属线槽贴墙壁安装。

(7) 金属线槽内线缆固定。

考核评价

任务考核评价见表 3-1。

表 3-1 任务考核评价

考核内容	评价标准	分值	自评	小组互评	教师评价
工具使用	(1) 工具使用不正确,每处扣 1 分; (2) 不能正确保养工具,扣 1 分	5			
金属线槽切割	(1) 切割长度不正确,扣 5 分; (2) 切口未处理,扣 5 分	10			
金属线槽直线连接	(1) 连接方式不正确,扣 5 分; (2) 连接面不平,扣 5 分	10			
金属线槽直角连接	(1) 连接方法不正确,扣 5 分; (2) 连接角度不标准,扣 5 分	10			
金属线槽接地线连接	(1) 接地线选用不正确,扣 5 分; (2) 接地线连接方法不正确,扣 5 分	15			
金属线槽吊顶安装	(1) 固定螺栓安装不正确,扣 5 分; (2) 安装位置不正确,扣 5 分; (3) 安装尺寸不正确,扣 10 分	15			
金属线槽贴墙壁安装	(1) 固定螺栓安装不正确,扣 5 分; (2) 安装位置不正确,扣 5 分; (3) 安装尺寸不正确,扣 10 分	15			
金属线槽内线缆固定	(1) 线槽内线缆固定方法不正确,扣 5 分; (2) 线槽内线缆固定距离不正确,扣 5 分; (3) 线槽内线缆排列不正确,扣 10 分	15			
文明生产	(1) 不服从指挥、违反安全操作规程,扣 2 分; (2) 破坏仪器设备、浪费材料,扣 5 分	5			
总 分		100			

课后思考

(1) 车间照明设计包括哪些内容？
(2) 车间照明线路设计的要求是什么？
(3) 如何选择车间照明线路的照明方式？
(4) 简述车间照明供电的要求。
(5) 如何选择车间照明光源？
(6) 如何确定车间照明灯具及其数量？
(7) 车间照明线路施工材料的选用有哪些要求？
(8) 简述车间照明线路施工流程。
(9) 简述车间照明线路的安装要求。
(10) 简述车间照明线路的施工方法。

任务 3.2　室外照明线路的安装

学习任务

(1) 了解室外照明的种类及发展趋势。
(2) 了解广场和住宅小区道路照明的灯具布置。
(3) 理解广场和住宅小区道路照明的设计要求。
(4) 理解广场和住宅小区道路的照明方式。
(5) 掌握广场和住宅小区道路照明控制和供电系统。
(6) 掌握室外照明线路的施工工艺。
(7) 能完成照明线路的配线安装。

知识链接

室外照明是城市公共建筑的外部空间、居住区住宅楼的外部空间及城市中相对独立的街道、广场、绿地和公园等"公共空间环境"的照明。随着以人为本的社会文化发展及价值观念的不断发展，室外照明已成为现代城市整体环境质量不可缺少的重要元素，演变为具有环境整体美、群体精神价值美和文化艺术内涵美的城市公共空间。室外照明包括道路照明、室外建筑装饰照明、广场照明、住宅小区照明、夜景亮化工程、广告照明及障碍标志照明等。其中，广场照明是城市照明中的一个重要组成部分，是照明科学技术和城市环境艺术的有机结合；住宅小区照明对小区环境尤其是夜景环境的影响极大，越来越受到人们的重视，分为景观照明和道路照明两部分。

一、广场照明

1. 广场照明设计

1）设计要求

城市广场通常处于城市的重点位置,是人、车、物的集散场所,其照明设计尤为重要。一般来讲,广场照明应兼具一般照明、分区一般照明、局部照明、混合照明、应急照明、备用照明、安全照明、疏散照明、直接照明、半直接照明、均匀漫射照明、间接照明、重点照明等功能。设计的广场照明应足够明亮且亮度均匀、眩光少;与环境协调、造型美观;灯杆设计应考虑周围环境,符合工程的整体效果,不影响广场的使用功能。

2）照明方式

按广场大小、形状和周围情况的不同,广场的照明分为常规照明、高杆照明和常规与高杆照明结合三种方式。

(1) 常规照明。常规照明方式可在需要照明的场所沿广场周边或人行道线型变化设置灯杆;灯具安装在高度为15m以下的灯杆顶端,每盏灯具都能有效地照亮路面,使光损失降到最小,并在弯道处起引导作用。广场常规照明方式不适用于范围广、线型复杂、视野广阔的场所。

(2) 高杆照明。高杆照明方式是指在比较高的杆子上安装由多个大功率和高光效光源组成的灯具。高杆照明的高度为15～30m(最高的可达40～70m),间距为90～100m。

3）照明控制及供电系统

广场照明灯饰的分布不集中、范围较大,需要多个电源、多回路供电。照明设计时,应使每一回路尽量使用同种负荷、布设线路简明,减小线路电压降与损耗,便于分路控制;电缆回路敷设走向的设计,应特别注意与原有管线之间的冲突问题。为减少施工时管线间相撞,广场照明控制及供电系统设计时还应参照规划部门的地下管线报告,合理避开或交叉。

4）照明节能

广场照明设计中,选用配光合理、效率高的节能灯具既能降低能耗,又能避免光干扰,体现绿色照明的设计理念。

2. 广场照明灯具布置要求

(1) 广场照明不单指照亮地面,还包括空间的各垂直面的照明、广场周边建筑的照明以及标识、指示牌的照明,使不熟悉周围环境的人进入广场就能粗略感知整个空间。灯具应选用可同时为垂直面和水平面提供照明的产品。

(2) 能提供足够的视觉信息来判别广场上一定距离内的其他人的照明。夜间广场的照明应能满足人在近距离接触之前相互识别,研究表明,所需要的分辨任何敌对迹象从而采取防范措施的最小识别距离,是观察者前方4m。因此广场照明照度应达到这个要求。

(3) 广场空间设置的灯具高度和尺寸应与人体高度成适当的比例:高杆灯(路灯)的高度为13～15m;庭院灯的高度为3～5m;广场绿化带外的草坪灯(低柱庭院灯)的高度

为 0.3～0.5m。树木较多的广场，灯具的安装高度应低于树木，以 3～3.5m 为宜。

（4）从光源的光色和显色性来讲，低色温的光源适用于休闲娱乐广场的照明；高色温的光源适用于交通广场；中间色温的光源适用于集合各种功能的广场。用于广场照明的显色性较好的光源有 LED 灯具、金属卤素灯、高显色型钠灯等。

（5）色彩和动态有助于节日气氛的创造，且光的色彩对比能显现出要强调的物体。动感的灯光引人注目，虽能增添活泼趣味性，但有时也能破坏平静祥和的氛围。

（6）广场上的光污染包括射向天空的杂散光线和侵入居民家中的光线，设计时应考虑有效控制。

二、住宅小区道路照明

1. 设计要求

受道路宽度（3～5m）的限制，住宅小区内应选用灯高在 2.5～4m 的钢管、铸铝或不锈钢等材料制成的庭院灯照明。所选庭院灯的灯型应与小区的建筑风格和环境气氛相协调，力求使"光与影"的组合配置富有旋律；灯具应具有良好的安全性和防范性。同时，住宅小区道路照明设计时还应考虑以下几点。

1）照度要求

一般住宅小区道路照明的平均照度应为 1～5lx，支路控制在 0.5～3lx。

2）照明方式及灯具配光类型

路面宽度大于 5m 的住宅小区，应采用小功率高压钠灯、金属卤化物灯、LED 等高效节能光源，并选用截光型或半截光型灯具；路面宽度小于 5m 的住宅小区，应采用小功率金属卤素灯、细径或紧凑型荧光灯、LED 等高级节能光源，不应采用自镇流高压汞灯，并选用非截光型或开敞式灯具。灯具的配光类型、布置方式与其安装高度和间距的关系见表 3-2。

表 3-2 灯具的配光类型、布置方式与其安装高度和间距的关系

灯具配光类型	截光型		半截光型		非截光型	
灯具布置方式	安装高度 H/m	间距 S/m	安装高度 H/m	间距 S/m	安装高度 H/m	间距 S/m
单侧布置	$H \geqslant W$	$S \leqslant 3H$	$H \geqslant 1.2W$	$S \leqslant 3.5H$	$H \geqslant 1.4W$	$S \leqslant 4H$
双侧交错布置	$H \geqslant 0.7W$	$S \leqslant 3H$	$H \geqslant 0.8W$	$S \leqslant 3.5H$	$H \geqslant 0.9W$	$S \leqslant 4H$
双侧对应布置	$H \geqslant 0.5W$	$S \leqslant 3H$	$H \geqslant 0.6W$	$S \leqslant 3.5H$	$H \geqslant 0.7W$	$S \leqslant 4H$

注：W——路面的有效宽度。

3）照明控制和供配电系统

小型住宅小区的照明配电箱位于小区中央，采用中心辐射型向四周供电，线路短、分叉出线较多，每路出线负荷较小，传送距离较短。大型住宅小区道路照明灯具数较多，采用既能降低压降损失又能简化管线网的多点供电方式，各配电点通过控制电缆连接后并入路灯控制网，也可配备"无线三遥"控制设备。

根据供电回路路灯数和供电距离，住宅小区道路路灯可选用 380V 或 220V 供电。380V 供电系统适用于路灯数量多、功率大、供电距离较远的小区道路照明，路灯相序标注应确保三相负荷平衡，且相邻 3 盏灯应分别接到不同的相序上，减少负载电流在电缆铠装外皮或金属保护管上产生的涡流损耗，并减弱路灯频闪。220V 供电系统适用于路灯数量少、功率小、供电距离近的住宅小区道路照明，三相电源进线处应保证三相的基本平衡；供电线路导线截面的选择除满足负荷电流外，还应满足线路末端压降不超过 10％ 的要求，即适当加大线路导线截面积。

对于超大型住宅小区，当一个路灯控制箱无法控制整个小区的路灯时，应把住宅小区分为若干个区域，设立若干个路灯控制箱分别控制本区域的路灯；每个分控制箱的电源可取自附近的柱上变电站或箱式变电站；路灯的控制系统应采取统一的控制方式，确保住宅小区的路灯同时点亮或熄灭。

4）照明灯具节能

照明设计中，选用配光合理、效率高的节能灯具可以大大降低能耗，体现绿色照明的设计理念。LED 光源具有光效高、寿命长、节能环保的特点，是住宅小区道路照明的首选灯具。质量好的 LED 光源使用寿命高达 50000h 以上，光效是白炽灯的 7～10 倍、节能荧光灯的 2～3 倍、金属卤化物灯的 1.5～1.8 倍、高压钠灯的 1.2～1.4 倍。

2. 住宅小区道路照明灯具布置

住宅小区道路照明常见灯具布置方式如图 3-4 所示。

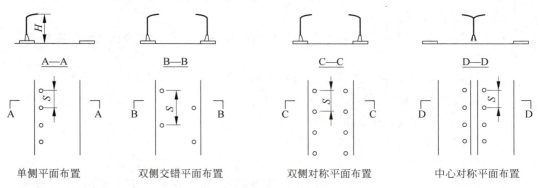

图 3-4　住宅小区道路照明常见灯具布置

三、室外照明线路安装

1. 工艺流程

室外照明线路施工工艺流程为：定灯位→挖沟→埋管→浇注路灯基础→敷设电缆→绝缘测试→路灯安装→电气设备安装→实验、调试→自检→竣工验收。

2. 施工方法

1）定灯位

根据施工图及现场情况，以设计灯位间距为基准，确定路灯安装位置。

2）挖沟及埋管

根据施工图开挖电缆管预埋沟，预埋相应的电缆管。

3）浇注路灯基础

根据路灯基础图纸，预制金属构件、开挖相应尺寸的基坑，金属构件应进行热镀锌处理，如图3-5所示。

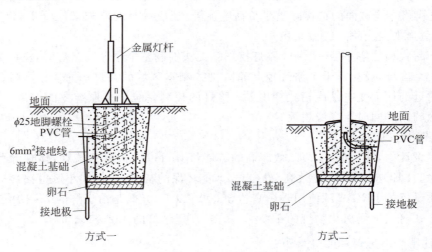

图3-5　路灯基础浇注示意图

4）电缆管及电缆的敷设要求

（1）选用的电缆型号应符合设计要求，敷设时应排列整齐、无机械损伤，标志牌齐全、正确、清晰。

（2）电缆的固定、间距和弯曲半径应符合相关规定。

（3）电缆接头应良好，绝缘应符合相关规定。

（4）电缆沟应符合相关要求，沟内无杂物。

（5）保护管的连接、防腐应符合有关规定。

5）路灯安装要求

（1）同一街道、公路、广场、桥梁的路灯安装高度（从光源到地面）、仰角、装灯方向应保持一致。

（2）基础坑开挖尺寸应符合设计规定，基础混凝土强度等级应不低于C20，基础内电缆护管应从基础中心穿出，并超出基础平面30～50mm。

（3）浇制钢筋混凝土基础前，应排除坑内积水。

（4）灯具安装纵向中心线应与灯臂纵向中心线保持一致，灯具横向水平线应与地面平行，且紧固后目测无歪斜。

（5）灯头应固定牢靠，可调灯头应按设计要求调整到正确位置。

（6）灯头接线在灯臂、灯盘、灯杆内穿线不能有接头，穿线孔口或管口应光滑、无毛刺，并应采用绝缘套管或包扎，包扎长度不应小于200mm。

（7）安装路灯使用的灯杆、灯臂、抱箍、螺栓、压板等金属构件应进行热镀锌处理。

(8) 紧固螺母时应加垫片和弹簧垫，紧固后旋出的螺母不应少于两个螺距。

1. 训练目的

(1) 熟悉室外照明的要求及照明方式。
(2) 掌握室外照明电路的供电方式。
(3) 掌握室外照明灯具安装方法。
(4) 掌握三相四线照明供电线路配线方法。
(5) 培养学生动手操作能力及良好的职业素养。

2. 训练器材

螺钉旋具、电工刀、剥线钳、尖嘴钳、单股铜线、三相自动开关、两相自动开关、扳把开关、白炽灯头、万用表等。

3. 训练内容

(1) 分析如图 3-6 所示三相四线照明供电电路。

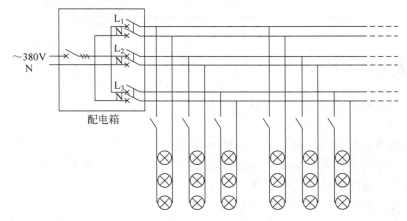

图 3-6　三相四线照明供电线路

(2) 照明配电箱控制电气的安装。
(3) 扳把开关、白炽灯头的安装。
(4) 配电线路接线。
(5) 线路检测、试运行。

任务考核评价见表 3-3。

表 3-3 任务考核评价

考核内容	评价标准	分值	自评	小组互评	教师评价
工具使用	(1) 工具使用不正确,每处扣 1 分; (2) 不能正确保养工具,扣 1 分	5			
三相四线照明供电线路分析	(1) 线路供电方式分析不正确,扣 5 分; (2) 线路供电方式适用范围分析不正确,扣 5 分	10			
照明配电箱控制电气的安装	(1) 电器元件安装位置不正确,每处扣 3 分; (2) 配线连接不正确,每处扣 3 分	20			
扳把开关、白炽灯头的安装	(1) 扳把开关安装不正确,扣 5 分; (2) 白炽灯头安装不正确,扣 5 分	10			
配电线路接线	(1) 相线配线不正确,每处扣 5 分; (2) 零线配线不正确,每处扣 5 分	30			
线路检测、试运行	(1) 万用表使用不规范,扣 5 分; (2) 线路检测方法不正确,扣 5 分; (3) 通电试车不成功,每次扣 5 分	20			
文明生产	(1) 不服从指挥、违反安全操作规程,扣 2 分; (2) 破坏仪器设备、浪费材料,扣 5 分	5			
总 分		100			

课后思考

(1) 城市室外照明包括哪些内容?

(2) 简述广场照明设计要求。

(3) 广场照明分为哪几种方式?各自的适用范围是什么?

(4) 广场照明供电系统与住宅小区道路照明供电系统有什么不同?

(5) 简述广场照明灯具的布置要求。

(6) 简述住宅小区道路照明设计要求。

(7) 简述住宅小区道路照明方式和灯具配光类型。

(8) 绘制住宅小区道路照明灯具的布置。

(9) 简述室外照明线路安装的工艺流程。

(10) 简述室外照明线路电缆管及电缆的敷设要求。

(11) 简述室外照明线路路灯的安装要求。

项目 4

照明线路的检修

任务 4.1 照明线路故障的检修

 学习任务

(1) 了解照明线路故障判别方法。
(2) 学会照明线路和照明装置的检查方法。
(3) 掌握照明线路故障检修的一般方法。
(4) 能独立使用万用表检测简单的照明线路。

 知识链接

照明电路是由引入电源线连通电度表、总开关、导线、分路出线开关、支路、用电设备等组成的回路。运行过程中,照明线路的每个组成元件都可能发生故障,对线路的定期检修是确保安全用电的重要措施。通常情况下,照明线路的检修应依次从每个组成部分开始,遵循"先电源再到用电设备"的原则。

一、照明线路故障判别方法

照明线路检修的关键是找出故障部位,掌握并灵活运用查找故障的基本方法能使检修工作事半功倍。常用的照明线路故障查找方法有观察法、测试法和支路分段查找法。

1. 观察法

观察法包括"问、闻、听、看"四个关键步骤。"问"是指故障发生后,首先进行调查,向故障目击者或操作者了解故障前后的情况,初步判断故障发生的部位;"闻"是指故障现场是否存在因绝缘烧坏引发的各种气味;"听"是指故障现场是否存在放电及其他异常声音;"看"是指沿线路巡视,检查有无明显故障点(如导线绝缘损坏、相碰、断线、灯丝断、灯头有无缺陷等),天气突变(如大风天气)时,应检查有无线路碰线、短路放电、起火冒烟等现象。

2. 测试法

对照明装置及线路进行直观检查后,应利用试电笔、万用表及试灯等进行测试。出现缺相现象时,由于线路相线可能间接带有负荷,用试电笔是否发光无法进行准确判别,必须使用万用表的交流挡测试三相电压,才能准确判断是否缺相。

3. 支路分段查找法

缩小故障查找范围能有效地提高故障的查找速度,可按支路或用"对分法"进行分段检查,逐渐找出故障点。"对分法"是指出现断路故障时,在线路约一半的位置设置测试点,利用试电笔、万用表及试灯进行测试。若测试点有电,断路点应在测试负荷一侧,反之,断路点应在测试点电源一侧。然后再在有问题的"半段"中部重新设置测试点进行测试,以此类推,直到找出断路点。

二、照明线路故障检修的一般方法

照明线路故障检修,应从检查配电盘上的总保险开始。如果保险丝已经熔断,说明电路可能出现短路现象或用电负荷过重;如果保险丝完好,说明电路存在断路现象。

1. 短路的检修方法

1) 短路的原因

引起照明线路短路的原因可归纳为以下几点。

(1) 线路安装工艺粗糙、多股导线未拧紧、未刷锡、压接不紧、有毛刺等引起的短路。

(2) 导线压接松动或距离太近,遇有外力造成导线相碰,引起相间或线间短路;螺纹灯头的顶心与螺纹部分松动,安装灯泡时螺纹与顶心相碰引起的短路。

(3) 大风天气使支持绝缘子损坏,导线间的相互碰撞、摩擦损坏绝缘,引起短路;电气设备防水设施损坏,雨水进入电气设备引起的短路。

(4) 电气设备防尘设施损坏,导电尘埃落入电气设备引起的短路。

(5) 土建施工等人为因素引起的短路,如施工时误碰架空线路、挖土时碰伤电缆等。

2) 短路故障的检修

短路故障查找可采用试灯或万用表。使用试灯时,试灯应与其他用电器串接,其电压分配与电阻成正比,若线路没有短路现象,试灯两端的电压小于额定电压,其灯头不能正常发光(发红或不亮);若线路发生短路,其他用电器电阻几乎为零,分压也接近为零,全部电源电压在试灯上,其灯头正常发光。使用万用表时,可将测得的线路两端电压与电源电压进行比较,查找出线路的短路故障。

(1) 用试灯查找支路短路故障。拔下插头,取下插座熔断器的熔丝和总熔断器的熔体,断开故障照明支路上的所有灯开关;然后将试灯接到该支路总熔断器的两端(串接在被测电路中),如图4-1所示;合闸送电,若试灯正常发光,则短路故障在线路侧,反之线路无故障。

(2) 用试灯继续查找每盏灯短路故障。对无短路故障的线路,应依次合上每盏灯的

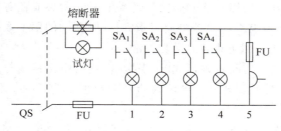

图 4-1 用试灯法查找短路故障

开关,并观察试灯发光情况。合上某盏灯的开关时,若试灯正常发光,则故障在该灯上,可断电进一步检查;反之该灯无故障,可继续检查下一盏灯,直到找到故障点。

2. 断路的检修方法

1）断路的原因

引起照明线路断路的原因可归纳为以下几点。

（1）用电负荷过大引起熔丝熔断。

（2）开关触点松动、接触不良。

（3）导线断线或接头腐蚀严重,特别是铜铝导线接头处理不当时,易引起断路。

（4）导线接头压接不实导致接触电阻增大,使接头在长期工作下发热,造成烧结断线引起的断路。

（5）外力破坏使导线断线引起的断路。

（6）因施工、交通车辆装货超高碰断导线等人为因素引起的断路。

2）断路故障的检修

照明线路断路故障可分为全部断路、局部断路和个别断路三种。

（1）全部断路故障检修。全部断路故障常出现在干线的配电和计量装置中以及进户装置上。检修时,先依次检查上述部分每个接头的连接处（包括熔体和接线桩）；然后再检查各线路开关动、静触点的分合闸情况。

（2）局部断路故障检修。局部断路故障常出现在分支线路上。检修时,先检查每条导线的连接处；然后再检查分路开关。若分路导线截面较小或是铝导线,应检查是否因导线绝缘层断裂而引起局部断路。

（3）个别断路故障检修。个别断路故障常出现在接线盒、灯座、灯开关及其连接导线上。检修时,应分别检查每个接头的连接处以及灯座、灯开关和插座等部件触点的接触情况。对于荧光灯线路,应检查每个元件的连接情况。

3. 漏电的检修方法

1）漏电的原因

引起照明线路漏电的主要原因是导线或电气设备绝缘层的外力损伤、长期运行下导线绝缘的老化变质、线路受潮气侵袭或污染造成的绝缘不良等。

2）漏电故障的检修

通常情况下,照明线路漏电故障的查找可按以下步骤进行。

(1) 判断是否漏电。先用兆欧表摇测其绝缘电阻的大小或在总闸刀上接电流表；然后接通全部开关，取下所有灯泡。若电流表指针摆动（摆动的幅度取决于电流表的灵敏度和漏电电流的大小），则有漏电现象；反之正常。

(2) 判断漏电形式。切断零线，若电流表指示不变，说明相线与大地漏电；若电流表指示为零，说明相线与零线漏电；若电流表指示变小但不为零，说明相线与大地、相线与零线均漏电。

(3) 确定漏电范围。取下分路熔断器或拉开刀闸，若电流表指示不变，说明总线漏电；若电流表指示为零，说明分路漏电；若电流表指示变小但不为零，说明总线、分路均漏电。

(4) 找出漏电点。依次断开被查线路的灯具开关，当断开某盏灯开关时，若电流表指示返零，则该分支漏电；若变小，则除该分支漏电外，还有其他分支也存在漏电现象。若全部灯具断开后，电流表指示不变，则该段干线漏电。依此缩小查找范围，分别检查该段线路的接头及导线穿墙处等位置是否漏电。

三、照明线路的检查

1. 接电前的检查

照明线路安装完毕后，要经过检查，才能接上电源，检查内容如下。

1) 检查线路的绝缘性能

线路绝缘性能的检查应使用高阻表，具体检查方法为：卸下线路中所有的用电器；然后放平表身，掀起表盖，接上两根装有测试棒的引线，并使两根测试棒互相接触，指针回到"0"点；再用测试棒检查两线间的绝缘电阻；最后把一根测试棒接到一个保险盒的下接线桩头（另一个保险盒也要检查），另一根测试棒接到接地的物体上，检查电路和建筑物之间的绝缘电阻。

一般来讲，带分路的每条照明线路的绝缘电阻应不低于 $0.5M\Omega$，否则会因绝缘不良而引起通电后漏电的现象。

2) 检查线路的安装技术

照明线路安装技术的检查包括电线连接处绝缘带包扎情况，有无漏包现象；多线平行的干线上分接支路时有无接错现象、是否有漏套瓷管的地方；瓷夹、木槽板等电线支持物是否装好、有无漏装现象；电线（特别是铝芯电线）的线头和电气装置的接线桩是否接好；电气装置的盖子是否盖上；电度表的接线是否接好、有无接错现象等。

2. 照明线路的接电

(1) 断开电路的总开关、拔下所有保险盒的插盖，使所有的电路都脱离电源。

(2) 扩充支路的负载必须在电度表容量范围以内。

(3) 进行接电。如存在新接的支路负载较大、装有分表、原有电路上已装足 20 盏灯三种情况之一，则应自成一个分支电路，另装两个分路保险盒，使它们的两个上线接线桩头与总开关的两个下接线桩头对应连接。若新装的支路负载不大，或因其他原因需要在保险盒下接线桩头上接线时，应先将支路的相线头与原有电路相线线头绞合并接在一个保险盒的下接线桩头上,然后再将支路和原有电路的另外两个线头绞合,接在另一个保险盒的下接线桩头上。如果新装的支路负载较小(只有一两盏电灯),则可将支路直接接到原有的电路上。接电时应单线操作,即先剖削一根干线的绝缘层,然后把一个支路线头接上去,包好绝缘带;再按同样的方法连接另一个线头。

3. 送电前的校验

照明线路接电完毕,要经过校验才能推上总开关送电。校验电路前应放好保险丝。拔下保险盒的插盖,放松盖上的接线桩头的螺钉;然后把保险丝的一端按顺时针方向绕在一个螺钉上,旋紧;再把保险丝顺着槽放,并使槽两边的保险丝向下凹,防止插入时被盒身的凸脊切断;最后,保险丝的另一端也按顺时针方向绕在另一个螺钉上旋紧。

四、照明装置的检查

(1) 检查灯泡容量是否超过额定容量,100W 以上的灯具应使用瓷质灯口。
(2) 检查照明灯具的开关是否断相线,螺口灯相线和零线接法是否正确。
(3) 检查灯具各部件是否松动、脱落和损坏,并及时修复或更新。
(4) 检查局部照明用降压变压器一次侧引线的绝缘有无损坏,如有损坏应及时修好或更换绝缘良好的引线。
(5) 检查照明设备的保护熔丝有无烧损、熔断,接触是否良好,熔丝的额定电流以不超过照明设备额定电流的 1.5 倍为宜。
(6) 检查照明装置的保护接地部分(如金属外壳、构架、金属管、座等),接地线是否良好,有无漏接、虚接以及断线现象,发现问题应及时检修。
(7) 检查照明灯具的灯泡、灯管及灯口等附件有无损坏。
(8) 检查插座有无烧伤,接地线的位置是否正确,接触是否良好。
(9) 检查室外照明灯具有无单独熔丝保护。
(10) 检查露天处所的照明灯具、灯口、开关是否采用瓷质防水灯口和开关。
(11) 检查室外照明灯具的开关控制箱是否漏雨,灯具的泄水孔是否畅通,并清除灯具的杂物。

1. 训练目的

(1) 熟悉电路的三种工作状态。
(2) 掌握照明线路故障检修的方法。
(3) 学会利用万用表检测简单的照明电路。
(4) 培养学生动手实践操作能力。
(5) 培养学生细致、踏实的工作作风和团结协作的意识。

2. 训练器材

万用表、试电笔、试灯、十字螺钉旋具、一字螺钉旋具、双控开关、白炽灯头、白炽灯泡、导线若干等。

3. 训练内容

(1) 按图接线,控制线路如图 4-2 所示。
(2) 用万用表欧姆挡测量线路的通、断状态。
(3) 通电测试。
(4) 教师设置线路故障,学生利用试灯检测。

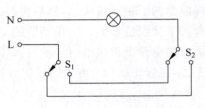

图 4-2 两控一灯控制线路

 考核评价

任务考核评价见表 4-1。

表 4-1 任务考核评价

考核内容	评价标准	分值	自评	小组互评	教师评价
工具使用	(1) 工具使用不正确,每处扣 1 分; (2) 不能正确保养工具,扣 1 分	5			
按图接线	(1) 接线不正确,扣 5 分; (2) 开关连接不正确,扣 5 分; (3) 灯头连接不正确,扣 5 分	20			
用万用表测试线路	(1) 万用表使用不正确,扣 5 分; (2) 测量方法不正确,扣 2 分	15			
通电测试	(1) 电路不能正常运行,扣 5 分; (2) 一次维修后不能正常运行,扣 5 分; (3) 二次维修后不能正常运行,扣 5 分	15			
检测所设故障	(1) 不能检测出故障,扣 4 分; (2) 不能排除故障,扣 4 分	20			
布线工艺	(1) 导线弯曲不合格,每处扣 2 分; (2) 导线敷设不合理,每处扣 2 分; (3) 电器件安装不牢固,每处扣 2 分; (4) 整体不美观,扣 5 分; (5) 导线连接不正确,每处扣 2 分; (6) 导线与元件接线端子连接不正确,扣 2 分	20			
文明生产	(1) 不服从指挥、违反安全操作规程,扣 2 分; (2) 破坏仪器设备、浪费材料,扣 5 分	5			
总 分		100			

 课后思考

(1) 简述照明线路故障判别的方法。

(2) 引起照明线路短路故障的因素有哪些?
(3) 如何用试灯查找短路故障?
(4) 引起照明线路断路故障的因素有哪些?
(5) 照明线路断路故障有几种?如何进行检修?
(6) 简述引起照明线路漏电故障的主要原因。
(7) 简述照明线路漏电点的查找方法。
(8) 照明线路的检查包括哪些方面?
(9) 照明装置的检查包括哪些内容?

任务 4.2　照明设备常见故障及排除方法

学习任务

(1) 了解开关和插座的常见故障及排除方法。
(2) 掌握白炽灯的常见故障及排除方法。
(3) 掌握荧光灯的常见故障及排除方法。
(4) 掌握照明线路保护设备故障判断方法。
(5) 能够排除常用照明设备的故障。

知识链接

照明线路是电力系统中的重要负荷之一,它的供电方式有三相四线制(三相五线制)和单相供电两种。照明电路所接的负荷为交流额定电压 220V、50Hz 的单相用电设备和交流额定电压为 380V、50Hz 的空调设备及其他设备等。照明电路安全用电的一个重要因素是照明设备的定期检查和检修,它是杜绝发生电气火灾的主要措施。

一、开关和插座常见故障及排除

照明线路中,开关和插座主要用来接通和断开电路。开关和插座的常见故障及排除方法见表 4-2 和表 4-3。

表 4-2　开关常见故障及排除方法

故障现象	故障诊断	排除方法
开关操作后电路不通	接线螺钉松脱,导线与开关导体不能接触	打开开关,紧固接线螺钉
	内部有杂物,使开关触片不能接触	打开开关,清除杂物
	机械卡死,拨不动	机械部位加注润滑油,机械部分损坏严重时,应更换开关

续表

故障现象	故障诊断	排除方法
接触不良	压线螺钉松脱	打开开关盖,拧紧压线螺钉
	开关触点上有污物	断电后,清除污物
	拉线开关触点磨损、打滑或烧毛	断电后修理或更换开关
开关烧坏	负载短路	处理短路点,并恢复供电
	长期过载	减轻负载或更换容量大一级的开关
漏电	开关防护盖损坏或开关内部接线头外露	重新配好开关盖,并接好开关的电源连接线
	受潮或受雨淋	断电后进行烘干处理,并加装防雨措施

表4-3 插座常见故障及排除方法

故障现象	故障诊断	排除方法
插头插上后不通电或接通不良	插头压线螺钉松动,连接导线与插头片接触不良	打开插头,重新压接导线与插头的连接螺钉
	插头根部电源线在绝缘皮内部折断,造成时通时断	剪断插头端部一段导线,重新连接
	插座口过松或插座触片位置偏移,使插座触头接触不上	断电后,将插座触片收拢一些,使其与插头接触良好
	插座引线与插座压线导线螺钉松开,引起接触不良	重新连接插座电源线,并旋紧螺钉
插座烧坏	插座长期过载	减轻负载或更换容量大的插座
	插座连接线处接触不良	紧固螺钉,使导线与触片连接好,并清除生锈物
	插座局部漏电引起短路	更换插座
插座短路	导线接头有毛刺,在插座内松脱引起短路	重新连接导线与插座,在接线时要注意将接线毛刺清除
	插座的两插口相距过近,插头插入后碰连引起短路	断电后,打开插座修理
	插头内部接线螺钉脱落引起短路	重新把紧固螺钉旋进螺母位置,固定紧
	插头负载端短路,插头插入后引起弧光短路	清除负载短路故障后,断电更换同型号的插座

二、白炽灯常见故障及排除

白炽灯由玻璃泡壳、灯丝、支架、引线灯头等组成。在额定电压下,白炽灯的寿命为1000h,电压升高5%其寿命缩短50%,电压升高10%其发光率提高17%,而寿命缩短28%(280h)。反之,如果电压降低20%,其发光率降低37%,但寿命增加一倍。因此,白炽灯工作在额定电压为宜。白炽灯常见故障及排除方法见表 4-4。

表 4-4 白炽灯常见故障及排除方法

故障现象	故障诊断	排除方法
灯泡不亮	灯丝烧断	更换灯泡
	灯丝引线焊点开焊	重新焊好焊点或更换灯泡
	灯头或开关接线松动、触片变形、接触不良	紧固接线，调整灯头或开关的触点
	线路有断线	找出断线处进行修复
	电源无电	检查电源电压
	灯泡与电源电压不相符，电源电压过低，不足以使灯丝发光	选用与电源电压相符的灯泡
	行灯变压器一、二次侧绕组断路或熔丝熔断，使二次侧无电压	找出断路点进行修复或重新绕制线圈或更换熔丝
	熔丝熔断、自动开关跳闸	判断熔丝熔断及断路器跳闸原因，找出故障点并排除
灯泡忽亮忽暗或熄灭	灯头、开关接线松动，或触点接触不良	紧固压线螺钉，调整触点
	熔断器触点与熔丝接触不良	检查熔断器触点和熔丝，紧固熔丝压接螺钉
	电源电压不稳定，有大容量设备启动或超负荷运行	检查电源电压，调整负荷
	灯泡灯丝已断，但断口处相距很近，灯丝晃动后忽接忽断	更换灯泡
灯光暗淡	灯泡寿命快到	更换灯泡
	电源电压过低	调整电源电压
	灯泡额定电压高于电源电压	选用与电源电压相符的灯泡
灯泡通电后发出强烈白光，灯丝瞬时断烧	灯泡有搭丝现象，电流过大	更换灯泡
	灯泡额定电压低于电源电压	选用与电源电压相符的灯泡
	电源电压过高	调整电源电压
灯泡通电后立即冒白烟，灯丝烧断	灯泡漏气	更换灯泡

三、荧光灯常见故障及排除

荧光灯又称荧光灯，是靠汞蒸气放电时辐射的紫外线激发灯管壁内的荧光物质发光的照明设备，具有结构简单、光色好、发光率高、寿命长等优点，在电气照明中得到了广泛应用。荧光灯常见故障及排除方法见表 4-5。

表 4-5 荧光灯常见故障及排除方法

故障现象	故障诊断	排除方法
灯管不发光	电源无电	检查电源电压
	熔丝烧断	找出原因,更换熔丝
	灯丝已断	用万用表测量,若已断应更换灯管
	灯脚与灯座接触不良	转动灯管,压紧灯管电极与灯座电极之间接触
	启辉器与启辉器座接触不良	转动启辉器,使电极与底座接触牢固
	镇流器线圈短路或断线	检修或更换镇流器
	启辉器损坏	将启辉器取下,用电线把启辉器座内两个接触簧片短接,若灯管两端发亮,说明启辉器已坏,应更换
	线路断线	查找断线处并接通
灯管两端发光	环境温度过低	提高环境温度或加保温罩
	电源电压过低	检查电源电压,并调整电压
	灯管陈旧	更换灯管
	启辉器损坏	可在灯管两端亮了以后,将启辉器取下,如灯管能正常发光,说明启辉器损坏,应更换。双金属片动触点与静触点焊死,或启辉器内并联电容器击穿,应及时检修
	灯管已慢性漏气	灯管两端发红光中间不亮,在灯丝部位没有闪烁现象,任凭启辉器怎样跳动,灯管却不启动,应更换灯管
灯管"跳"但不亮	环境温度过低,管内气体不易分离,往往开灯很久,才能跳亮点燃,有时启辉器跳动不止而灯管不能正常发光	提高环境温度或加保温措施
	天气潮湿	降低湿度
	电源电压低于荧光灯最低启动电压(额定电压220V的灯管最低启动电压为180V)	提高电源电压
	灯管老化	更换灯管
	镇流器与灯管不配套	调换镇流器
	启辉器有问题	及时修复或更换启辉器

续表

故障现象	故障诊断	排除方法
灯管发光后立即熄灭（新灯管灯丝烧断）	接线错误，使拉开开关，灯管闪亮后立即熄灭	检查线路，改正接线
	镇流器短路	用万用表 $R\times 1$ 挡或 $R\times 10$ 挡，测量镇流器阻值比参考值小得多，说明短路，应更换镇流器
	灯管质量太差	更换灯管
	合开关后灯管立即冒白烟，可能是灯管漏气	更换灯管
灯管发光后呈螺旋形光带	新灯管的暂时景象	开用几次或灯管两端对调即可消失
	镇流器工作电流过大	更换镇流器
	灯管质量有问题	更换灯管
灯管两端发黑或生黑斑	灯管老化，灯管点燃时间已接近或超过规定的使用寿命，发黑部位一般在端部 50～60mm，说明灯丝上的电子发射物质即将耗尽	更换灯管
	电源电压过高或电压波动过大	调整电源电压，提高电压质量
	镇流器配用规格不合适	调换合适的镇流器
	启辉器不好或接线不牢固引起长时间闪烁	应接好或更换启辉器
	若是新灯管可能是启辉器损坏	更换启辉器
	灯管内水银凝结，是细灯管常有现象	启动后可能蒸发消除
	开关次数频繁	减少开关频率
灯光闪烁忽亮忽暗	接触不良	检查线路接触连接情况
	启辉器损坏	更换启辉器
	灯管质量不好	更换灯管
	镇流器质量不好	更换镇流器
镇流器过热	电源电压过高	检查并调整电源电压
	内部线圈匝间短路，造成电流过大时，使镇流器地热，严重时出现冒烟现象	更换镇流器
	通风散热不好	改善通风散热条件
	启辉器中的电容器短路或动、静触点焊死，跳不开时，如果时间过长，也会过热	及时排除启辉器故障

续表

故障现象	故障诊断	排除方法
镇流器响声较大	镇流器质量较差，或铁芯松动，振动较大	更换镇流器
	电源电压过高，使镇流器过载而加剧了电磁振动	降低电源电压
	镇流器过载或内部短路	调换镇流器
	启辉器质量不好，开启时有辉光杂声	更换启辉器
	安装位置不当，引起周围物体的共振	改变安装位置
灯管使用寿命较短或早期端部发黑	电源开关频繁操作	减小开关次数
	启辉器工作不正常，使灯管预热不足	更换启辉器
	镇流器配用不当，或质量差，内部短路	更换镇流器
	装置处振动较大	改变装置位置，减小振动

四、照明线路保护设备常见故障及排除

1. 熔丝熔断故障诊断

（1）更换熔丝时碰伤熔丝，会使该处电阻变大，负荷过载，导致有一小段熔丝熔断。
（2）熔丝爆熔的主要原因是短路故障。
（3）熔丝压接螺钉松动易造成断路故障。
（4）熔丝熔断时，开关固定螺钉会有熔化和流淌痕迹。
（5）导线接头变色、变软导致的熔丝熔断。

2. 熔断器、刀开关故障诊断

熔断器、刀开关过热会导致如下故障：螺钉孔上封的火漆熔化，有流淌痕迹；纯铜部分表面生成黑色氧化铜并退化变软，压接螺钉焊死无法松动；导线与刀开关、熔断器、接线端压接不实；导线表面氧化，接触不良；铝导线直接压接在铜接线端上，由于电化腐蚀作用，铝导线被腐蚀，接触电阻变大，出现过热，严重时导致短路。

文件名称：照明灯常见故障排除
文件类型：DOCX
文件大小：33.1KB

1. 训练目的

（1）熟悉照明线路设备的工作原理。
（2）掌握开关和插座常见故障的排除方法。
（3）掌握白炽灯和荧光灯常见故障的诊断。
（4）掌握熔断器故障的诊断。
（5）培养学生理论联系实际的能力。
（6）培养学生良好的工作作风和团结协作的能力。

2. 训练器材

开关、插座、白炽灯、荧光灯、熔断器、万用表。

3. 训练内容

（1）开关常见故障的排除。
（2）插座常见故障的排除。
（3）白炽灯常见故障的诊断。
（4）荧光灯常见故障的诊断。

任务考核评价见表 4-6。

表 4-6　任务考核评价

考核内容	评价标准	分值	自评	小组互评	教师评价
工具使用	（1）工具使用不正确，每处扣 1 分； （2）不能正确保养工具，扣 1 分； （3）万用表使用不正确，扣 5 分	10			
开关故障	（1）压线螺钉松脱故障排除不正确，扣 3 分； （2）开关触点接触不良故障排除不正确，扣 3 分； （3）不能排除机械卡死，扣 3 分	20			
插座故障	（1）压线螺钉松脱故障排除不正确，扣 3 分； （2）长期过载触点烧毁故障排除不正确，扣 3 分； （3）短路故障排除不正确，扣 4 分	10			
白炽灯故障	（1）灯丝烧断故障诊断不正确，扣 5 分； （2）焊点开焊故障诊断不正确，扣 5 分	10			

续表

考核内容	评价标准	分值	自评	小组互评	教师评价
荧光灯故障	(1) 灯丝烧断故障诊断不正确，扣5分； (2) 焊点开焊故障诊断不正确，扣5分； (3) 镇流器故障诊断不正确，扣5分； (4) 启辉器故障诊断不正确，扣5分	30			
熔断器故障诊断	(1) 熔丝中部熔断故障诊断不正确，扣5分； (2) 熔丝两端熔断故障诊断不正确，扣5分； (3) 熔丝爆熔故障诊断不正确，扣5分	15			
文明生产	(1) 不服从指挥、违反安全操作规程，扣2分； (2) 破坏仪器设备、浪费材料，扣5分	5			
总　分		100			

 课后思考

(1) 简述开关和插座常见故障的排除方法。
(2) 简述白炽灯常见故障的排除方法。
(3) 简述荧光灯常见故障的排除方法。
(4) 熔断器、刀开关过热有哪些危害？
(5) 简述熔丝熔断的原因。

项目 5

小型配电箱的安装与调试

任务 5.1 熔断器、刀开关、断路器的安装

 学习任务

（1）了解低压电器的概念及分类。
（2）了解照明线路低压电器元件的工作原理及运行维护。
（3）掌握照明线路中熔断器的安装要求。
（4）掌握照明线路中刀开关的安装要求。
（5）掌握照明线路中断路器的安装要求。
（6）学会独立安装电源箱。

 知识链接

一、低压电器概述

电器是指在电路中起控制和保护作用的电气设备，按生产及使用方式的不同，可分为高压电器和低压电器。低压电器是指在额定电压为交流 1200 V 或直流 1500 V 的电路中使用的电器。按用途，低压电器可分为配电电器和控制电器。其中，配电电器常用于低压供电系统，包括刀开关、转换开关、熔断器和断路器等；控制电器主要用于电力拖动控制系统，包括接触器、继电器、启动器和主令电器等。低压电器按用途分类的详细类型和用途见表 5-1。

表 5-1　低压电器的分类及用途

电器名称		主要品种	用　　途
配电电器	刀开关	刀开关 熔断器式刀开关 开启式负荷开关 封闭式负荷开关	主要用于电路隔离,也能接通和分断额定电流
	转换开关	组合开关 换向开关	用于两种以上电源或负载的转换和通断电路
	断路器	万能式断路器 塑料外壳式断路器 限流式断路器 漏电保护断路器	用于线路过载、短路或欠电压保护,也可用作不频繁接通和分断电路
	熔断器	半封闭插入式熔断器 无填料熔断器 有填料熔断器 快速熔断器 自复熔断器	用于线路或电气设备的短路和过载保护
控制电器	接触器	交流接触器 直流接触器	主要用于远距离频繁启动或控制电动机,以及接通和分断正常工作的电路
	继电器	电流继电器 电压继电器 时间继电器 中间继电器 热继电器	主要用于控制系统中,控制其他电器或保护主电路
	启动器	电磁启动器 减压启动器	主要用于电动机的启动和正反向控制
	控制器	凸轮控制器 平面控制器 鼓形控制器	主要用于电气控制设备中转换主回路或励磁回路的接法,以达到电动机启动、换向和调速的目的
	主令电器	按钮 行程开关 主令控制器 万能转换开关	主要用于接通和分断控制电路
	电阻器	铁基合金电阻	用于改变电路的电压、电流等参数或变电能为热能
	变阻器	励磁变阻器 启动变阻器 频繁变阻器	主要用于发电机调压以及电动机的减压启动和测速
	电磁铁	起重电磁铁 牵引电磁铁 制动电磁铁	用于起重、操纵或牵引机械装置

二、照明线路低压电器元件概述

1. 熔断器

熔断器主要由熔体、安装熔体的熔管（或盖、座）、触点和绝缘底板等组成，作为短路保护元件广泛应用于低压配电系统和控制电路中，也可作为单台电气设备的过载保护元件。

1) 工作原理

熔断器是串联在被保护电路中的低压电器。电路为正常负载电流时，熔体的温度较低；电路短路或过载时，通过熔体的电流随之增大，熔体发热；电流达到或超过某一固定值时，熔体因温度升高到熔点而自行熔断，从而分断故障电路，起到保护作用。

2) 运行维护注意事项

（1）熔体烧断后，应查明原因、排除故障。分清熔断器熔断原因：在过载电流下熔断时响声不大，熔体仅在一两处熔断，且管壁没有大量熔体蒸发物附着和烧焦现象；分断极限电流熔断时与上述情况相反。

（2）更换熔体前应切断电源，断开开关；更换的熔体应与原熔体规格一致，不能用多根熔体代替一根较大熔体，也不准用细铜丝或铁丝替代。

（3）插入或拔出熔断器应佩戴绝缘手套等防护工具，不能用手直接操作或使用不适当的工具。

（4）更换无填料密闭管式熔断器熔片时，应先查明熔片规格，然后清理管内壁污垢，再安装新熔片，最后拧紧两头端盖。

（5）更换瓷插入式熔断器熔丝时，熔丝应沿螺钉顺时针方向弯曲一圈，压在垫圈下拧紧，并保证力度适当。

（6）运行中出现两相断相时，应同时更换三组熔断器。

2. 刀开关

刀开关是成套配电设备中隔离电源的低压电器元件，也具有不频繁接通和分断电路的作用。

1) 工作原理

和一般开关电器比较，刀开关的触刀相当于动触点，静插座相当于静触点。扳动手柄，触刀插到静插座内，完成接通操作，形成电流通路；触刀脱离静插座，电路被切断。

2) 运行维护注意事项

（1）开启式负荷开关的防尘、防水和防潮性能差，不能在地上、户外以及农田作业中使用。

（2）胶盖和瓷底板碎裂的开启式负荷开关不能继续使用，以防发生人身触电伤亡事故。

（3）过负荷或短路故障导致熔丝熔断时，应在触刀断开的情况下及时更换同规格的新熔丝，并注意勿使熔丝受到机械损伤。

（4）更换熔化的熔丝时，应先用干燥的棉布或棉丝将附着在绝缘瓷底板和胶盖内壁表面的金属粉粒擦净。

(5) 负载较大时，为防止开启式负荷开关本体相间短路，应将熔断器装在开关的负载一侧，并在开关装熔丝的接点上安装与线路导线截面积相同的铜线（不再装熔丝），使开启式负荷开关只做开关使用，熔断器起短路保护和过负载保护的作用。

3. 断路器

断路器也称低压断路器，又名自动开关，是在电路出现过载、短路或欠电压时，能自动分断电路的开关电器，具有动作值可调整、兼具过载和保护两种功能、安装方便、分断能力强及动作后不需要更换元件等优点。

1) 工作原理

如图 5-1 所示，断路器的三对主触点、电磁脱扣器的线圈以及热脱扣器的热元件都串联在三相主电路中，欠电压脱扣器的线圈与三相主电路并联。断路器闭合后，三对主触点通过锁键钩住钩子，克服弹簧的拉力保持闭合；若电磁脱扣器吸合、热脱扣器的双金属片受热弯曲或欠电压脱扣器释放时，杠杆被顶起使钩子和锁键脱开，主触点分断电路。

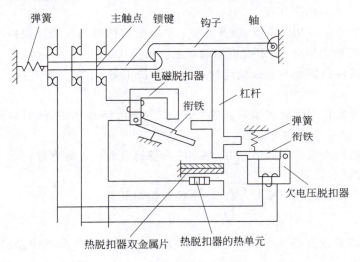

图 5-1 断路器工作原理图

电路正常工作时，电磁脱扣器线圈产生的电磁力不能吸合衔铁；电路发生短路时，过电流使线圈产生的电磁力增大，吸合衔铁使主触点断开，切断主电路；电路发生过载时（达不到电磁脱扣器动作电流），流过热脱扣器发热元件的过载电流会使金属片受热弯曲，顶起杠杆，主触点分断电路起过载保护作用；电源电压下降较多或失去电压时，欠电压脱扣器的电磁力减小，衔铁释放，主触点分断电路起欠电压或失电压保护作用。

2) 运行维护注意事项

(1) 检查负载电流是否在额定范围内。

(2) 检查断路器的信号指示是否正确。

(3) 检查断路器与母线或出线的连接处有无过热现象。

(4) 检查断路器的过载脱扣器整定值是否与规定值相符（过电流脱扣器的整定值调好后应长期使用时，应检查其弹簧是否生锈）。

(5) 定期检查各种脱扣器的动作值,有延时的应检查延时情况。
(6) 监听断路器运行的声音,辨别有无异常现象。
(7) 检查断路器的安装是否牢固,有无松动现象。
(8) 检查有金属外壳接地的断路器接地是否完好。
(9) 检查万能断路器有无破裂现象,电磁机构是否正常。
(10) 检查塑料外壳式断路器外壳和部件有无裂损现象。

三、熔断器、刀开关和断路器的安装要求

1. 熔断器的安装要求

(1) 安装前,应检查熔断器的额定电压是否大于或等于线路的额定电压,熔断器的额定分断能力是否大于线路的预期短路电流,熔体的额定电流是否小于或等于熔断器支持件的额定电流。

(2) 熔断器应垂直安装,且保护熔体与触刀及触刀与刀座接触良好,防止电弧飞落到临近带电部分。

(3) 安装中不能让熔体有机械损伤,避免熔体截面变小发生误动作。

(4) 安装时,尽量保证熔断器周围介质温度与被保护对象周围介质温度一致,以防保护特性产生误差。

(5) 安装的熔断器必须可靠,避免一相接触不良(相当于一相断路)导致电动机因断相运行被烧毁。

(6) 安装带有熔断指示器的熔断器时,应将指示器安装在便于观察的方向。

(7) 熔断器两端的连线应连接可靠,螺钉应拧紧。

(8) 熔断器的安装位置应便于更换熔体,更换前应先切断电流,然后换上相同额定电流的熔体。

(9) 瓷质熔断器在金属底板上安装时,底座应垫软绝缘衬垫;安装螺旋式熔断器时,熔断器下接线板的接线端应在上方,并与电源线连接;连接金属螺纹壳体的接线端应装在下方,并与用电设备相连,有油漆标志端向外,两熔断器间应预留手拧空间且不宜过近,确保更换熔体时螺纹壳体不带电。

2. 刀开关的安装要求

刀开关应垂直安装在磁板上(或控制屏、箱上),并使夹座位于上方;用作隔离开关的刀开关,合闸顺序为先合上刀开关,再合上其他控制负载的开关,分闸顺序则相反;安装时,应确保刀片与固定触点接触良好;双投刀开关在分闸位置时,刀片应可靠接地固定。

1) 开启式负荷开关安装工艺

(1) 开启式负荷开关必须垂直安装在控制屏或开关板上,并使合闸状态时手柄朝上,不允许倒装、平装或放在地上使用。

(2) 控制照明和电热负载的开启式负荷开关,应装接熔断器作短路保护和过载保护。

(3) 接线时,电源进线应接在上端进线座,而用电负载应接在下端出线座。

2) 封闭式负荷开关的安装工艺

(1) 封闭式负荷开关必须垂直安装。

(2) 安装高度距地面不低于1.5m。

(3) 外壳应可靠接地。

(4) 接线应正确。

3. 断路器的安装要求

(1) 安装前,应检查断路器的规格是否符合使用要求。

(2) 安装前,应使用500V绝缘电阻表(兆欧表)检查断路器的绝缘电阻,在周围空气温度为(20 ± 5)℃和相对湿度为50%～70%时,应不小于$10M\Omega$,否则应做烘干处理。

(3) 安装时,电源进线应接于上母线,用户的负载侧出线应接于下母线。

(4) 安装时,断路器底座应垂直于水平位置且安装平整,并用螺钉固定,无附加机械应力。

(5) 外部母线与断路器连接时,应在接近断路器母线处加以固定,防止各种机械应力传递到断路器上。

(6) 安装时,应考虑断路器的飞弧距离,即在灭弧罩上部留有飞弧空间,保证外装灭弧室至相邻电器的导电部分和接地部分的安全距离。

(7) 进行电气连接时,电路中应无电压;与熔断器配合使用时,熔断器应尽可能装在断路器之前,以保证使用安全。

(8) 安装的断路器应可靠接地;裸露在箱体外部且易触及的导线端子应加绝缘保护。

(9) 断路器附带的隔弧板不能漏装,且装上后方可运行,防止切断电路因产生电弧而引起相间短路。

(10) 安装完毕,应使用手柄或其他传动装置检查断路器工作的准确性和可靠性,如检查脱扣器能否在规定的动作值范围内动作、电磁操作机构是否可靠闭合、可动部件有无卡阻现象等。

文件名称:照明线路低压电器元件

文件类型:DOCX

文件大小:689KB

1. 训练目的

(1) 熟悉照明线路熔断器的安装要求。

(2) 熟悉照明线路刀开关的安装要求。

(3) 熟悉照明线路断路器的安装要求。
(4) 掌握电源箱的安装方法。
(5) 培养学生分析问题、解决问题的能力。
(6) 培养学生动手操作能力和团结协作的意识。

2. 训练器材

螺钉旋具、尖嘴钳、熔断器、刀开关、断路器、导线若干。

3. 训练内容

(1) 安装熔断器。
(2) 安装刀开关。
(3) 安装断路器。
(4) 安装电源箱,安装接线如图 5-2 所示。

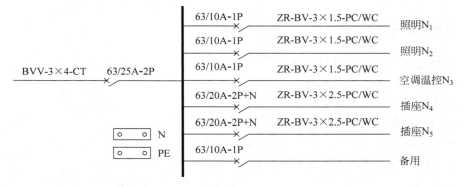

图 5-2　电源箱安装接线图

任务考核评价见表 5-2。

表 5-2　任务考核评价

考核内容	评价标准	分值	自评	小组互评	教师评价
工具使用	(1) 工具使用不正确,每处扣 1 分; (2) 不能正确保养工具,扣 1 分	5			
安装熔断器	(1) 熔断器安装不垂直,扣 5 分; (2) 熔丝安装不正确,扣 5 分; (3) 接触不良,扣 5 分; (4) 熔丝指示器方向不正确,扣 5 分	20			
安装刀开关	(1) 刀开关安装位置不正确,扣 5 分; (2) 刀开关安装不垂直,扣 5 分; (3) 接线不正确,扣 5 分	15			

续表

考核内容	评价标准	分值	自评	小组互评	教师评价
安装断路器	(1) 断路器安装不垂直,扣5分; (2) 断路器隔弧板漏装,扣5分; (3) 接线不正确,扣5分	15			
电源箱安装	(1) 设备选用及安装不正确,每处扣5分; (2) 接线不正确,每处扣5分	40			
文明生产	(1) 不服从指挥、违反安全操作规程,扣2分; (2) 破坏仪器设备、浪费材料,扣5分	5			
总　分		100			

 课后思考

(1) 简述低压电器的概念及分类。
(2) 简述熔断器的工作原理。
(3) 简述刀开关的工作原理。
(4) 简述断路器的工作原理。
(5) 简述熔断器、刀开关和断路器的安装要求。
(6) 说明下列低压电器元件型号的含义。
RL1-15/2　　　HD14-32/21　　　HK4-32/2　　　HH2-16/1
DZ15-63/2　　　C45-32/3　　　C45N-25/2　　　C45AD-40/1

任务 5.2　电度表的安装

 学习任务

(1) 了解电能计量装置的组成及其位置的选择和安装。
(2) 了解电度表的结构原理和分类。
(3) 理解对电能计量装置的一般要求。
(4) 理解电度表的选择及一般要求。
(5) 理解电度表型号及铭牌的含义。
(6) 掌握电度表的读数方法。
(7) 掌握常用电度表的选用、接线及安装要求。
(8) 能独立完成电度表的接线。

知识链接

电能计量装置的读数是电力产品贸易结算的依据。电能计量工作应规范化、符合国家标准,确保计量准确可靠,接线正确统一。电能计量装置主要由计量用电流互感器和电压互感器、电度表以及互感器与电能表之间的二次回路组成,其附属部件包括试验接线盒、失压断流计时仪、铅封、电能计量箱(柜)和电能计量集抄设备等。

一、电能计量装置

1. 电能计量装置的一般要求

(1) 电能计量装置应保证电能计量正确、电费计算合理,验收不合格不准使用。供电部门应根据用电单位的用电性质、电价分类,装设供用电计费用的电度计量装置。

(2) 10kV 及以上电压供电,变压器总容量在 630kV·A 及以上的用户,应使用高压计量装置。高压计量用户应设专用高压计量柜,并安装多功能电能表及远方采取装置。

(3) 高压计量柜用于供电部门计费使用时,柜内的电能表装置(有功、无功等计量表以及电压互感器、电流互感器等)应由供电部门确定。10kV 及以上的表用互感器,经供电部门检定有效期后,可由用电单位自备。电能计算方式和电流互感器的变比应由供电部门确定。

(4) 根据供电方案通知书,用电单位负责电能表表位、附件位置以及二次线等设备的安装。

(5) 高压计量或低压计量带互感器时,应在二次电压、电流二次回路中装设专用的接线端子盒。

(6) 电能计量用互感器、二次负载应不超过额定值。电能表及表用互感器的准确等级要求见表 5-3。

表 5-3 电能表及表用互感器的准确等级

类 别	计量对象	计量装置的准确等级		
		有功电能表	无功电能表	计量用互感器
第Ⅰ类	变压器容量在 120MV·A 及以上,月平均用电量 100 万 kW·h 及以上的计费用户	0.5	2.0	0.2
第Ⅱ类	月平均用电量 10 万 kW·h 及以上计费用户	1.0	2.0	0.5
第Ⅲ类	月平均用电量 10 万 kW·h 及以下计费用户	1.0	2.0	0.5
第Ⅳ类	320kV·A 以下变压器低压计费用户	2.0	3.0	0.5

(7) 二次侧为双线圈的电流互感器,电能表应单独采用一套线圈。

(8) 35kV 及以上专用线路的用电单位,电度计量装置应设在线路的首段。

(9) 电度计量电源侧的所有变压器应单独装设电能计量装置。

2. 电能计量装置位置的选择和安装

1) 电能计量装置的安装场所

电能计量装置可安装在干燥及不受振动的场所,便于安装、试验和抄表工作;也可安装在定型产品的开关柜(箱)内,电能表箱或配电盘上;或根据供电方案确定安装位置。在有易燃、易爆危险的场所、有腐蚀性气体或高温的场所、有磁力影响及多灰尘的场所以及潮湿场所,不能安装电能计量装置。

2) 住宅建筑电能计量装置的安装位置

原则上,住宅建筑应按"一户一表"的要求安装电能计量装置;住宅楼内楼道照明应安装在共用电能计量装置上;住宅的电能计量装置应采用专用的电能计量箱,并装于户外。高层住宅建筑除应按"一户一表"的要求安装电能计量装置外,楼内动力用电及公共用电还应在配电间内安装电能计量装置。住宅建筑配套的商服部门应根据用电性质单独装设电能计量装置。

3) 电度表的安装要求

(1) 电度表的安装高度。电度表应安装在距地面 1.8~2.2m 的地方;装设于立式盘和成套开关柜时,安装高度应不低于 0.7m;除成套开关柜外,电度表上方不能装设经常操作的电气设备。

(2) 电度表表板、盘(包括立式盘)以及明、暗装配电箱的安装要求。电度表表板底口距地面应不低于 1.8m;电度表箱暗装时,底口距地面应不低于 1.4m,明装时应不低于 1.8m,特殊情况下应不低于 1.2m;电度表装置在露天、公共场所及人易接触的地方,应加装表箱;电度表表箱处于室外时,应有防雨水侵入的措施。

(3) 电度表与表板、盘、箱和其他相邻的电器装置的安装距离要求。电度表上端距表板、盘的上沿应不小于 50mm;电度表上端距表箱顶端应不小于 80mm;电度表侧面距表板、表箱侧边应不小于 60mm;电度表侧面距相邻的开关或其他电器装置应不小于 60mm;电度表表板、盘、箱的暗出线孔距表尾及表板、表箱底边沿的距离见表 5-4。

表 5-4 电度表表板、盘、箱的暗出线孔距表尾及表板、表箱底的最小距离

导线截面/mm²	出线孔距表尾/mm	距表板或表箱底/mm
<10	80	50
16~25	100	80

注:住宅"一户一表"专用表箱不在此限。

3. 电流、电压互感器的安装

(1) 电能计量装置使用互感器应符合互感器的相关规定。

(2) 电压互感器一次侧应安装隔离开关,35kV 及以下计量用互感器的二次回路应装设隔离开关、辅助接点和熔断器。

(3) 互感器的安装位置应便于巡视、检修和试验；同一组互感器的极性方向安装时应一致；互感器二次侧端子位置应朝向便于检查的一侧；电流互感器二次线圈在接线板处应短路，并接地；互感器二次侧连接导线应采取单股铜芯绝缘导线，且截面不得小于 4mm²。

(4) 商业用电容量在 50kW 及以上和普通非工业用电容量在 100kW 及以上的用户应安装复费率和断相计时功能的计量装置。

4. 表外线

(1) 表外线长度应不超过 15m，且不应有接头（装有维护分界带开关的除外）。

(2) 计费方式不同的表线，不应穿入同一根管内。装有互感器的电度表，可在互感器外侧套接。

(3) 在焦渣层内敷设的金属管或硬塑料管，应全部用水泥砂浆保护。

(4) 电线管一般应伸出墙外 150mm，距第一支持物应为 250mm，并应采取防水措施。伸出墙外的硬塑料管，直径在 25mm 及以下的，应采用金属管以保证其机械强度。

(5) 高层建筑的综合楼，表外线安装应符合以下规定。

① 商业与民用的表外线应分开敷设。

② 商业分装表的表外干线，进入室内应安装维护分界刀开关，并加大 1~2 级。

③ 商业分装电表自表外干线应采用线夹等机械连接，并做接线箱或盘后开门。

④ 商业表外干线走墙下侧时，分支线箱距地面高度应不低于 300mm。

⑤ 应根据导线截面来选择商业表外干线的接线箱规格，且不应小于 200mm×300mm×160mm。

(6) 电度表的二次线应选用铜绝缘导线。电流回路的导线截面应不小于 2.5mm²，电压回路的导线截面应不小于 1.5mm²，且导线不能有接头。

(7) 直入式电度表的绝缘铜导线截面不小于 2.5mm²。

(8) 低于 2.5m 的明敷表外线应有防护措施，进入室外箱的导线应从下方穿入。

二、电度表的接线方法

1. 电度表的结构和工作原理

电度表又称电能表，是测量电能的专用仪表，是电能计量最基础的设备，广泛用于发电、供电和用电的各个环节。感应式测量电度表由电压线圈、电流线圈、铝转盘、制动磁铁和计数机构等部分组成，如图 5-3 所示。交流电流流过电压线圈和电流线圈时，铝转盘上因感应产生的涡流与交变磁通相互作用，产生的电磁力推动铝转盘转动，铝转盘在转动时又与制动磁铁相互作用，产生制动力；当转动力矩和制动力矩平衡时，铝转盘以稳定的速度转动；铝转盘的转速与被测电能大小成正比，电厂发出的电能或用户消耗的电能越大，其转速越快。

2. 电度表的分类

按所测电能种类，电度表分为有功电度表、无功电度表和直流电度表；按相别及接线方法，电度表分为单相表、三相三线两元件表和三相四线三元件表；按电压等级，电度表

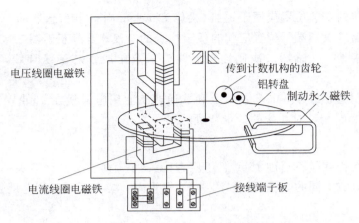

图 5-3 感应式电度表结构图

分为高压表和低压表;按电流的测量范围,电度表分为直通表和经电流互感器接入表;按结构原理,电度表分为感应式电度表、全电子式电度表和机电一体化电度表;按准确度等级,电度表分为普通安装式电度表(分 0.2、0.5、1.0、2.0 和 3.0 五个等级)和携带式精密电度表(0.01、0.02、0.05、0.1 和 0.2 五个等级),家庭常用电度表的准确等级为 2.0 级。

3. 电度表的选择及其一般要求

(1) 选用的电度表型号和结构应与被测负荷的性质、供电制式匹配,其额定电压应与电源电压相适应,额定电流应与负荷相适应。

(2) 根据电源相数选择不同的接线方法,细心接线、仔细检查。接线错误能造成计量不准或者电度表反转,甚至烧坏电度表,危及人身安全。

(3) 配用电流互感器的电能表,任何情况下都不允许电流互感器的二次侧开路,且二次侧的一端应可靠接地。接在电路中的电流互感器暂时不用时,应将其二次侧短路。

(4) 容量在 250A 及以上的电度表,应加装专用的接线端子,备校表时使用。

4. 电度表型号及标牌含义

1) 型号含义

电度表的型号可用字母和数字的排列来表示,具体形式为:

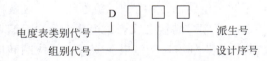

电度表组别代号含义见表 5-5。

表 5-5 电度表组别代号含义

分类标准	代 号	含 义
相线不同	D	单相
	S	三相三线有功
	T	三相四线有功

续表

分类标准	代　号	含　义
用途不同	A	安培小时计
	B	标准
	D	多功能
	F	复费率
	H	总耗
	J	直流
	L	长寿命
	M	脉冲
	S	全电子式
	Y	预付费
	X	无功
	Z	最大需要

派生号的含义见表5-6。

表 5-6　派生号的含义

代　号	含　义	代　号	含　义
T	湿热、干燥两用	TH	湿热带用
TA	干热带用	G	高原用
H	船用	F	化工防腐用

电度表型号含义举例见表5-7。

表 5-7　电度表型号含义举例

代　号	含　义	举　例
D	电度表	
DD	单相电度表	DD862型、DD702型
DS	三相三线有功电度表	DS864型、DS8型
DT	三相四线有功电度表	DT862型、DT864型
DX	无功电度表	DX963型、DX862型
DJ	直流电度表	DJ1
DB	标准电度表	DB2型、DB3型
DBS	三相三线标准电度表	DBS25型
DZ	最大需量电度表	DZ1型
DBT	三相四线有功标准电度表	DBT25型
DSF	三相三线复费率分时电度表	DSF1型
DSSD	三相三线全电子式多功能电度表	DSSD331型
DDY	单相预付费电度表	DDY59型

2) 铭牌含义

电度表盘面可提供商标、计量许可证标志(CMC)、计量单位名称或符号、电度表记录数、额定电压、厂家和序列号等信息。

(1) 计量单位名称或符号。

有功电表的计量单位为"千瓦·时"或"kW·h";无功电表的计量单位为"千乏·时"或"kvar·h"。

(2) 电度表记录数读法。

电度表有字轮式计度器的窗口,整数位和小数位分别用不同颜色区分,中间有小数点;若无小数位,窗口各字轮有倍乘系数(如×1000、×100、×10 和×1)。

单相电度表的表盘上有 5 个方孔,从左到右 4 个方孔分别代表读数的千位、百位、十位及个位,最右面的表示十分之几度(计数时可忽略不计);三相电度表比单相电度表多一个万位方孔,读法与单相电度表一致。

电度表字轮式计度器记录的数字,表示用电量的积累数。某一段时间用电量是当前的电度表记录数与起始时间的电度表记录数的差值;配有电流互感器的单相或三相电度表电能的实际用电量的计算方法是电能表记录数乘电流互感器的电流比,如电流互感器电流比是 150/5,就是乘 30 倍;用三只单相电度表测量三相电路用电量时,实际用电量是三只表记录数之和。

(3) 电度表额定电压。

单相为 220V,三相为 3×(220/380)V。

(4) 电度表额定电流。

电度表常用的额定电流,单相为 1.5(6)A、2.5(10)A、5(20)A、5(30)A、10(40)A、10(60)A、15(60)A 和 20(80)A;三相为 5(20)A、10(40)A、15(60)A、40(80)A 和 60(120)A。

5(20)A、3×1.5(6)A 中括号前的数字表示电度表的额定电流,括号内的数字表示电度表最大负载电流。低压供电负载电流为 50A 以下时,应采用直接接入式电度表;负载电流在 50A 以上时,应采用电流互感器接入式的接线方式,同时选用过载 4 倍以上的电度表。

(5) 电度表准确度。

电度表准确度表示在同种条件下,实际使用电度表与标准电度表记录数的差,被标准电度表记录数除的商的百分数。例如,表盘上标注有②,代表电度表的准确度为 2%,或称 2 级表。

(6) 720r/(kW·h)、80r/(kW·h)分别表示电度表转盘运转 720 圈、80 圈电能表记录数增加一个数。也就是单相表转盘转 720 圈为一度电,三相表转盘转 80 圈为一度电。

5. 电度表的使用

使用电度表测量电能时,根据电源相数的不同,接线方法可分为单相、三相三线和三相四线三种。常用电度表的选用、接线及安装要求见表 5-8。

表 5-8 常用电度表的选用、接线及安装要求

电度表	接线图	接线方法	选用原则	安装要求
单相有功电度表		电源进线接 1、3 端子；出线负载接 2、4 端子	电度表的额定电压应与电源电压相适应；额定电流应等于或大于负荷电流，对于二倍表和四倍表，负荷电流可在其倍数范围内	应保证铝转盘为水平；按正相序接线且接至电度表的导线为铜芯绝缘线，截面应满足负荷电流的需要，不能小于 2.5mm²；表外线、中性线不得有接头，进、出表端子必须有接端子
三相三线有功电度表		电源进线接 1、3、5 端子；出线负载接 2、4、6 端子		
三相四线有功电度表		电源进线接 1、3、5 端子；出线负载接 2、4、6 端子；N 线接 7、8 端子		
三相无功电度表		电源进线接 1、3、5 端子；出线负载接 2、4、6 端子		

续表

电度表	接线图	接线方法	选用原则	安装要求
带互感器单相有功电度表	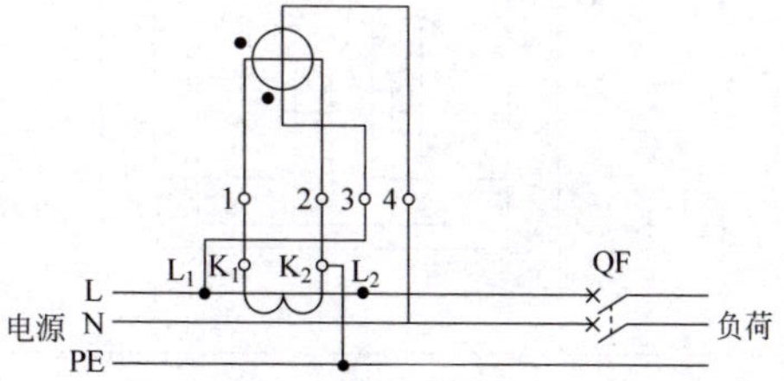 (TN-S系统中接线)	电源火线接3号端子，零线接4号端子；互感器K₁接1号端子，K₂接2号端子并短接到地线	电能表的额定电压应与电源额定电压相适应；常用电流为5A，也可选用3(6)A的二倍表，或1.5(6)A、2.5(10)A的四倍表；互感器的电流倍率应为精度不低于0.5级的"线圈式"（LQG-0.5型）；电流互感器的一次额定电流应大于负荷电流	应保证铝转盘为水平；按正相序接线且接至电压表的导线为铜芯绝缘线，电压回路中的截面大于或等于1.5mm²，电流回路中的截面大于或等于2.5mm²；电流互感器的铁心应接至保护地线，TN-S系统接保护线，TT系统接至PE线
带互感器三相三线有功电度表	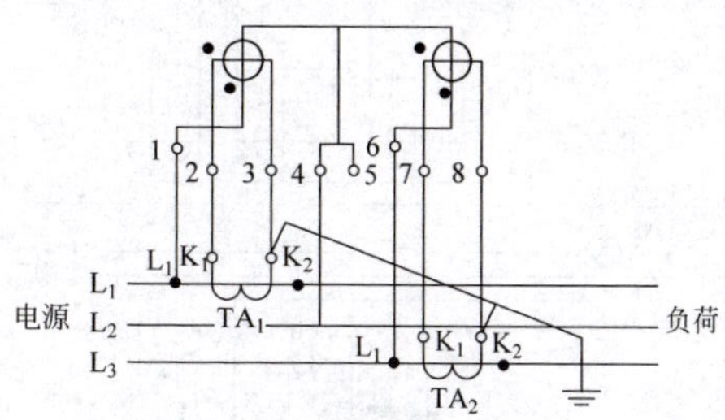 (TT系统中接线)	电源进线接1、4、6端子；两个互感器的K₁接2、7端子，K₂接3、8端子并短接到地线		
带互感器三相四线有功电度表	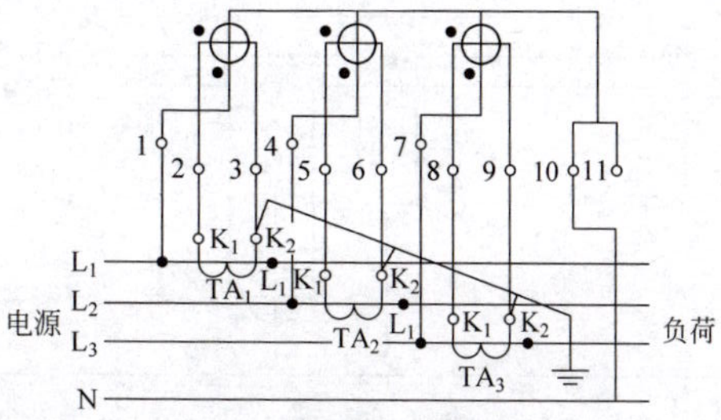 (TN-S系统中接线)	电源进线接1、4、7端子；三个互感器的K₁接2、5、8端子，K₂接3、6、9端子并短接到地线		

续表

电度表	接线图	接线方法	选用原则	安装要求
带互感器三相无功电度表	(接线图)	电源进线接 2、5、8 端子；三个互感器的 K_1、K_2 接 3、6、9 端子，1、4、7 端子并短接到地线	电能表的额定电压应与电源额定电压相适应；常用电能表的额定电流为 5A，也可选用 3(6)A 的二倍表，或 1.5(6)A、2.5(10)A 的四倍表；选用的电流互感器应为 0.5 级的精度不低于 0.5 级的"线圈式"（LQG-0.5 型）；电流互感器的一次额定电流应略大于负荷电流	应保证铝转盘为水平；按正相序接线且接至相应接线目的导线为铜芯绝缘线，电压回路中的导线截面应大于或等于 1.5mm²，电流回路中的导线截面应大于或等于 2.5mm²；电流互感器的铁心应接至保护线（TT 系统接到保护接地线，TN-S 系统接到 PE 线）
单相有功电度表测三相四线制线路	(接线图)	电源进线分别接单相表的 1 号端子，出线分别接单相表的 2 号端子；零线串接单相表的 3、4 号端子	与单相有功度表相同	与单相有功电度表相同

表中,安装带互感器的三相电度表,当计量电流超过 250A 时,接至电度表的导线应经专用端子接线,便于校表。三相三线制电度表各相导线在专用端子的排列顺序为:自上而下或自左而右 U、V、W;三相四线制电能表各相导线在专用端子的排列顺序为:自上而下或自左而右 U、V、W、N。

1. 训练目的

(1) 熟悉电度表的选用及安装方法。
(2) 掌握感应式电度表的工作原理。
(3) 掌握各种电度表的接线方法。
(4) 掌握电度表记录数的读法和型号标牌含义。
(5) 培养学生动手操作能力和团队协作意识。

2. 训练器材

螺钉旋具、电工刀、剥线钳、尖嘴钳、单相电度表、三相四线有功电度表、配互感器的三相四线有功电度表、电流互感器等。

3. 训练内容

(1) 单相电度表接线。
(2) 三相四线有功电度表接线。
(3) 带互感器三相四线电度表接线。
(4) 电度表记录数的读法和铭牌识读。

任务考核评价见表 5-9。

表 5-9　任务考核评价

考核内容	评价标准	分值	自评	小组互评	教师评价
工具使用	(1) 工具使用不正确,每处扣 1 分; (2) 不能正确保养工具,扣 1 分	5			
单相电度表接线	(1) 电度表选用不正确,扣 5 分; (2) 接线方法不正确,每处扣 5 分	20			
三相四线有功电度表接线	(1) 电度表选用不正确,扣 5 分; (2) 接线方法不正确,每处扣 2 分; (3) 连接相序不正确,扣 5 分	20			

续表

考核内容	评价标准	分值	自评	小组互评	教师评价
带互感器三相四线电度表接线	（1）电度表选用不正确，扣5分； （2）接线方法不正确，每处扣2分； （3）连接相序不正确，扣5分； （4）互感器连接方法不正确，每处扣5分	40			
电度表记录数的读法和铭牌识读	（1）电度表的读数不正确，扣5分； （2）型号含义识读不正确，扣2分； （3）标牌含义识读不正确，每处扣2分	10			
文明生产	（1）不服从指挥、违反安全操作规程，扣2分； （2）破坏仪器设备、浪费材料，扣5分	5			
总　分		100			

课后思考

（1）简述电能计量装置的组成。
（2）简述电能计量装置的安装场所。
（3）简述电流、电压互感器和表外线的安装要求。
（4）简述电度表的结构和工作原理。
（5）电度表是如何分类的？
（6）简述电度表型号及标牌的含义。
（7）简述常用电度表的选用、接线及安装要求。

任务 5.3　配电箱的安装

学习任务

（1）了解低压配电箱的分类及型号含义。
（2）了解配电箱的设置及其使用要求。
（3）了解配电箱内电器元件的配置。
（4）掌握照明配电箱（盘）的安装要求及工艺流程。
（5）能正确安装照明配电箱。

知识链接

低压配电系统中，配电箱是指安装在墙上的小型动力或照明配电设备，其内部装有控制设备、保护装备、测量仪表和漏电保安器等。配电箱在电气系统中起分配和控制各支路电能、保障电气系统安全运行的作用。

按用途,低压配电箱可分为动力配电箱和照明配电箱两种;按安装方式,低压配电箱可分为明装(悬挂式)和暗装(嵌入式);按制作材质,低压配电箱可分为铁质、木制和塑料制品配电箱。此外,还有标准与非标准低压配电箱,标准箱由工厂成套生产组装而成,非标准箱根据实际需要自行设计、制作或定制加工而成。低压配电箱的型号含义如下。

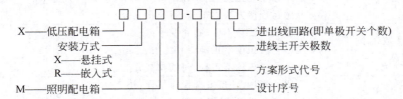

其中,低压配电箱的方案形式代号见表5-10。

表5-10 配电箱的方案形式

方案号	含 义	方案号	含 义
A	进线主开关	E	带有一块单相电能表,主开关为DZ47-60/2
B	进线主开关为DZ47-60/2	F	带有一块三相四线电能表,主开关为DZ47-60/3
C	进线主开关为DZ47-60/3	G	带有一块三相电能表,主开关为DZ20-100/3
D	进线主开关为DZ47-100/3	H	单相电能表箱

照明用配电箱多采用冲压件,外形平整、线条分明。箱内零部件具有互换性;箱壁进出线有进出线孔;箱两侧各有两个安装孔,用于装设通道箱。照明配电箱的型号含义如下。

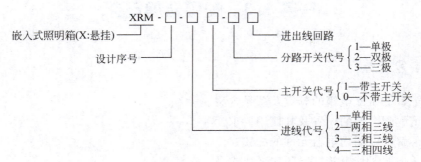

一、配电箱及其使用

1. 配电箱

配电系统应设置室内总配电箱和室外分配电箱,或设置室外总配电箱和各分配电箱,实行总配电箱、分配电箱和开关箱的三级配电及二级漏电保护。总配电箱以下可设置若干个分配电箱,分配电箱以下可设置若干个开关箱。总配电箱、分配电箱和开关箱均由厚度为 1.2～2.0mm 的冷轧钢板制成,且开关箱箱体钢板的厚度不能小于 1.2mm,配电箱箱体钢板厚度应不能小于 1.5mm,箱门应设加强筋,箱体表面应做防腐处理。

安装时,应先将配电箱和开关箱内的电器元件(含插座)紧固在金属电器安装板上,然后再将其整体紧固在配电箱和开关箱的箱体内,金属电器安装板与铁质箱体之间应做电气连接(总配电箱也可采用电气梁安装方式)。配电箱和开关箱内的电气连接均采用铜芯绝缘导线,$L_1(A)$、$L_2(B)$、$L_3(C)$三根相线的颜色分别为黄、绿、红色;N 线的颜色应为淡蓝色;PE 线的颜色应为绿黄双色。箱内导线应排列整齐,导线分支接头只能焊接并做绝缘包扎,不得有外露带电部分。

配电箱和开关箱内应设置与金属电器安装板绝缘的 N 线端子(排)和与金属电器安装板做电气连接的 PE 线端子(排)。总配电箱的 N 线端子(排)和 PE 线端子(排)的接线点数通常为 $n+1$(n——配电箱的回路数);分配电箱 N 线端子(排)和 PE 端子(排)接线点数至少为两个;开关箱也应设置 N 线端子和 PE 线端子。配电箱和开关箱的金属体、金属电器安装板以及电器正常不带电的金属底座、外壳等应通过 PE 线端子与 PE 线做电气连接,金属箱门与金属箱体应采用软铜线做电气连接。

2. 配电箱的使用

使用的配电箱应有名称、用途、分路标记及系统接线图,并定期进行检查和维修,检查和维修时应将其前一级相应的电源隔离开关分闸断电。配电箱的送电操作顺序为:总配电箱→分配电箱→开关箱;停电操作顺序为:开关箱→分配电箱→总配电箱(紧急电气故障除外)。

配电箱在使用时,应保持箱内整洁,禁止挂接其他用电设备和堆放杂物;箱内配置的电器元件和接线不能随意改动;漏电保护器每天使用前应启动漏电试验按钮试跳一次,试跳不正常时不能继续使用;进线和出线严禁承受外力,严禁与金属尖锐断口、强腐蚀介质和易燃易爆物接触。

二、配电箱内电器元件的配置

配电箱和开关箱的电源进线端严禁使用插头和插座的活动连接,且可见断开点的透明塑壳断路器均应设置在电源的进线端;其两级漏电保护器的额定漏电动作电流和额定漏电动作时间应合理配合,发挥分级、分段保护的功能。

1. 总配电箱内电器元件的配置

总配电箱可由一个进线单元和一个出线单元组成,也可由一个进线单元和数个出线单元组成。箱内配置的可见断开点的透明塑壳总断路器、可见断开点的透明塑壳分路断路器及电源故障时能自动断开的辅助电源型分路漏电保护器,具有电源隔离、正常接通与分断电路及短路、过载、漏电保护的功能。其中,漏电保护器的额定漏电动作电流大于 30mA,额定漏电动作时间大于 0.1s,但其额定漏电动作电流与额定漏电动作时间的乘积不应大于 30mA·s。

通常情况下,总配电箱的配出回路为 1～5 个,每个回路输出端都应装设三点接线端子板;箱内还配有电压表、总电流表和电度表等仪表(禁止电流表和电度表不共用一套电流互感器),装设电流互感器时,其二次回路必须与保护零线有一个连接点,且严禁断开电路。

2. 分配电箱内电器元件的配置

分配电箱由一个进线单元和数个出线单元组成,配置有可见断开点的透明塑壳断路器总开关、可见断开点的透明塑壳断路器分开关及五点接线端子板。通常情况下,分配电箱的配出回路数为2~7个。

3. 开关箱内电器元件的配置

开关箱由一个进线单元和一个出线单元组成,配置有可见断开点的透明塑壳断路器、漏电保护器及五点接线端子板。其中,漏电保护器的额定漏电动作电流不大于30mA,额定漏电动作时间不大于0.1s。施工现场停止作业一小时以上时,动力开关箱应断电上锁。

三、照明配电箱安装

照明配电箱一般由箱体、配电盘、自动开关、熔断器和电能表等组成。箱体不宜采用可燃材料,有木制和铁制两种。

1. 照明配电箱(盘)的安装要求

(1) 配电箱(盘)应安装在安全、干燥、易操作的场所。安装时,箱底边距地一般为1.5m;明装时底口距地1.2m;照明配电板板底边距地面不小于1.8m。同一建筑物内,同类盘的高度应一致,允许偏差为10mm。

(2) 安装前,铁制配电箱应先刷一遍防锈漆,再刷两道灰油漆。预埋的各种铁件也应刷防锈漆并做明显可靠的接地。导线引出面板时,面板线孔应光滑无毛刺,金属面板装设绝缘保护套。

(3) 配电箱(盘)上带有器具的铁制盘面和装有器具的门及电器的金属外壳应有明显可靠的PE保护接地。

(4) 配电箱(盘)内的配线应排列整齐、无铰接,绑扎成束在活动部位固定。为便于检修,引出及引进的导线应预留余度。

(5) 导线应连接紧密,无伤芯或线芯过长、断股现象。多股导线不能盘圈压接,应加装压线端子。如遇穿孔用顶丝压接时,多股线应搪锡后再压接,且导线股数不能减少。

(6) 垫圈下螺钉两侧压的导线截面积相同,同一端子上接导线不多于2根,防松垫圈等零件齐全。

(7) 照明配电箱(盘)内,应设置中性线(零线)N和保护地线(PE线)汇流排,中性线N和保护地线应在汇流排上连接并编号,无铰接现象。

(8) 当PE保护地线不是供电电缆或电缆保护层组成部分时,其截面取决于机械强度的要求,有机械性保护时截面应不小于2.5mm²;无机械性保护时截面应不小于4mm²。

(9) 照明配电箱(盘)内开关动作应灵活可靠;带有漏电保护的回路,漏电保护装置动作电流不大于30mA、动作时间不大于0.1s。

(10) 照明配电箱(盘)上的母线应有相应的颜色:A相(L_1)为黄色、B相(L_2)为绿色、C相(L_3)为红色;中性线N为淡蓝色;保护地线(PE线)为黄绿相间的双色。

（11）照明配电箱（盘）上的电器元件、仪表应牢固、平整、整洁、间距均匀、铜端子无松动、启闭灵活，零部件齐全。

2．照明配电箱安装工艺

照明配电箱的安装工艺流程为弹线定位→箱体安装→配电盘电气元件安装→配电盘配线→管路与配电箱的连接→负载线与盘面电气元件的连接→绝缘摇测→通电试运行。

1）弹线定位

根据设计要求，找到配电箱的位置并按箱体外形尺寸完成弹线定位。

2）箱体安装

照明配电箱的箱体安装可分为明装配电箱和暗装配电箱两种形式。

（1）明装配电箱

明装配电箱的安装方法有明配管明装和暗配管明装两种，如图 5-4 所示。

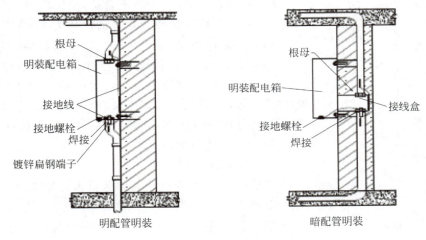

图 5-4　明装配电箱的安装

明配管明装既可利用支架固定配电箱箱体，也可利用金属膨胀螺栓固定配电箱。支架上安装时，应先依据配电箱底座尺寸制作配电箱支架；然后将角钢调直，量好尺寸，画好锯口线，锯断煨弯，钻出孔位，并将对口缝焊牢，支架埋入端做成燕尾形，除锈，刷防锈漆；再按需要标高用高标号水泥砂浆将支架燕尾端埋入牢固，埋入时注意支架的平直程度和孔间距离，用线坠和水平尺测量准确并稳住支架；水泥砂浆凝固后即可将配电箱箱体固定在支架上。挂墙安装时，应先根据箱体的重量选择金属膨胀螺栓的大小；然后根据弹线定位的要求，确定墙体和箱体固定点的准确位置（每个箱体应有四个均匀对称于四角的固定点），用冲击钻或电钻在墙体和箱体的固定点位置钻孔，孔径及深度应刚好将金属膨胀螺栓的胀管部分埋入，且孔洞应平直不得歪斜；再将箱体的孔洞与墙体的孔洞对正，注意加镀锌弹垫和平垫，将箱体稍加固定；最后用水平尺将箱体调整平直后即可将螺栓拧紧。在空心砖墙上施工时，可预制水泥砌体，打膨胀螺栓；也可在箱体部位改变砌体材质；还可以采用穿钉固定配电箱，即根据墙体厚度截取适当长度的圆钢制作穿钉，背板选用角钢或钢板，钢板与穿钉采用焊接或螺栓连接，最后把箱体固定在紧固件上。

暗配管明装一般采用膨胀螺栓固定挂墙安装,配管首先进入安装过渡盒,过渡盒与配电箱之间的连接可采用箱外连接法,也可采用箱内连接法。箱外连接法可采用桥架、软管等将配电箱与过渡盒连接;箱内连接法可将原配电箱尺寸加长,在配电箱背部的加长位置预留可拆卸矩形盖板,形成与过渡暗装盒(箱)相对应的活门。

(2) 暗装配电箱

暗装配电箱的安装方法如图 5-5 所示。

暗装配电箱体的安装,应先根据预留洞尺寸将箱体找好标高和水平尺寸进行弹线定位,砖墙预留洞宽度超过 300mm 时,在洞口上部应设置过梁,预留洞上下均应大于配电箱体尺寸 5~10mm,以便线管与箱体丝扣连接施工;然后核对入箱的钢管或 PVC 管的长短是否合适、间距是否均匀、排列是否整齐等,若管路不合适,应及时按配管的要求调整,并注意箱内露出锁紧螺母的丝扣为 2~3 扣,用锁母内外锁紧并做好接地,焊跨接地线使用的圆钢直径应不小于 6mm,接地线应采用截面不小于 $4mm^2$ 的铜芯软导线;再根据各个管的位置用液压开孔器进行开孔,按标定的位置牢固固定箱体;最后用水泥砂浆填实周边并抹平(箱底与外墙平齐时,应先在外墙固定金属网后再做墙面抹灰)。

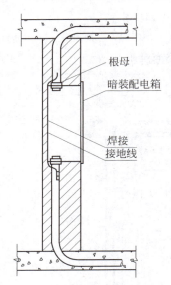

图 5-5　暗装配电箱的安装

3) 配电盘电气元件安装

(1) 导轨的安装

安装时,应先根据熔断器的数量确定导轨的位置,然后用铅笔画线并打孔,最后安装导轨。注意,导轨与导轨之间的距离为 20cm 左右;导轨与配电盘上沿距离应大于 15cm;选用的汇流排应与连接电缆的截面积相匹配,如图 5-6 所示。

(2) 自动开关的安装

首先,应确保自动开关的安装位置与箱盖上的预留位置相同;其次,应将自动开关从左向右排列安装,其预留位应为一个整位且在配电箱右侧;最后,总开关与分开关之间应预留一个完整的整位,用于自动开关的配线,如图 5-7 所示。

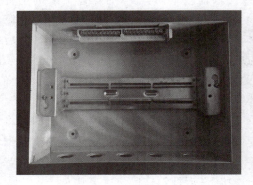

图 5-6　导轨的安装

图 5-7　自动开关的安装

4）配电盘配线

(1) 零线配线要采用蓝色或黑色导线。

(2) 自动开关配线时，A 相选用黄色导线、B 相选用绿色导线、C 相选用红色导线。照明及插座回路采用 2.5mm² 的导线，每根导线串联自动开关数量不超过 3 个。空调回路采用 2.5mm² 或 4.0mm² 导线，且一根导线配一个自动开关。

(3) 不同相线之间的零线不能共用，如由 A 相配出的一根导线连接了两个 16A 的照明自动开关，那么 A 相所配给自动开关的零线应先连接到零线汇流排的接线端，再由汇流排配给这两个自动开关。

(4) 箱体内总自动开关与各自动开关之间配线一般应在左侧，配电箱出线应在右侧。

(5) 箱内配线应顺直、不得有缠绕现象，导线要用塑料扎带绑扎，扎带大小应适当、间距应均匀、导线弯曲应一致，不得有死弯，防止损坏导线绝缘层及芯线。

(6) 接地保护线（PE 线）应为黄绿相间的导线。盘面引出或引进的导线应有一定余量（约为箱体周长的一半），方便检修。配电箱内导线与电气元件连接时，应采用直接、加装压线端子、螺栓连接、插接、焊接或压接等方法，并确保牢固可靠。配电箱内的导线不应有接头，导线芯线应无损伤。导线剖削处不应过长，导线压头应牢固可靠，多股导线必须搪锡且不得减少导线股数。配电箱的箱体、箱门及箱底盘均应采用铜编织带或黄绿相间色铜芯软线可靠接于 PE 端子排，零线和 PE 线端子排应保证一孔一线。

配电盘配线如图 5-8 所示。

5）管路与配电箱的连接

(1) 钢管与铁质配电箱连接时，应先将管口套螺纹，拧入锁紧螺母；然后插入箱体；再拧上锁紧螺母，露出 2～4 牙的长度拧上护圈帽，并焊好跨接接地线。

(2) 暗配钢管与铁质配电箱的连接，可用焊接方法固定，管口露出箱体长度应小于 5mm，把管与跨接接地线先做横向焊接连接，再将接地线与配电箱焊接牢固。

(3) 塑料管进入配电箱时应保持顺直，长短一致，一管一孔。管入箱的长度应小于 5mm，也可固定箱体。采用套箱时，安装初期套箱内应撑以木条，防止墙砖压坏套箱，影响终端电器箱的安装。

(4) 箱体严禁用电、气焊开孔或开长孔，要做到开口合适、切口整齐。

(5) 连接完毕，应清除管口毛刺。

管路与配电箱的连接如图 5-9 所示。

图 5-8　配电盘配线

图 5-9　管路与配电箱的连接

6）负载线与盘面电气元件的连接

（1）导线与箱内设备连接前，应对箱体的预埋质量、线管配置情况进行检查，确认上述内容符合设计要求及施工验收规范的规定后，再清除箱内杂物，进行安装接线。

（2）整理好配管内的电源线和负荷导线，引入、引出线应有足够的余量，便于检修。管内导线引入盘面时应理顺整齐。多回路之间的导线不应有交叉现象。导线应以一线一孔穿过盘面，并与器具或端子等一一对应，盘面接线应整齐美观，同一端子上的导线应不超过两根，导线芯线压头应牢固。工作零线经过汇流排（或零线端子板）后，其分支回路排列位置应与开关位置对应，面对配电箱从左到右编排为 1，2，3，⋯零母线在配电箱内不得串联。

凡多股铝芯线和截面积超过 2.5mm² 的多股铜芯线与电气元件的端子连接时，应焊接或压接端子后再连接。

（3）开关、互感器、熔断器等应由上端进电源、下端接负荷或左侧接电源、右侧接负荷。排列相序时，面对开关从左侧起应为 L_1、L_2、L_3 或 $L_1(L_2、L_3)$、N；其导线的相（L_1、L_2、L_3）色依次为黄、绿、红色，保护接地（PE 线）为黄绿相间色，工作零线（N 线）为淡蓝色绝缘导线。开关及其他元件的导线连接应牢固、芯线无损伤。

（4）漏电保护器前端 N 线上不应装设熔断器，防止 N 线熔体熔断后，相线漏电时开关不动作。

负载线与盘面电气元件的连接如图 5-10 所示。

图 5-10　负载线与盘面电气元件的连接

7）绝缘摇测

配电箱（盘）全部电器安装完毕后，应使用 500V 兆欧表对线路进行绝缘摇测（绝缘电阻值不小于 0.5MΩ）。摇测项目包括相线与相线之间、相线与中性线之间、相线与保护地线之间以及中性线与保护地线之间的电阻值。

照明配电线路绝缘摇测如图 5-11 所示。

8）通电试运行

送电前，应将建筑物内所有配电箱内的开关关闭（送电顺序为：总配电箱→分配电箱→末端箱），送电应逐级进行，并逐级检查元器件及仪表指示是否正常，出现不正常现象，必须排除故障后再继续送电。送电完毕后，应将配电箱空载 2h，合格后再带负荷运行 2h；

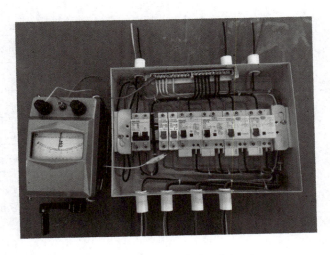

图 5-11　照明配电线路绝缘摇测

无故障后再测试配电箱内漏电保护装置的动作电流和动作时间是否符合要求；最后进行疏散照明、备用照明电源转换时间测试，转换时间应符合设计要求。上述测试全部符合要求时，通电试运行合格。

文件名称：低压接户线和进户装置
文件类型：DOCX
文件大小：43.5KB

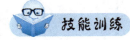

1. 训练目的

（1）熟悉照明配电箱（盘）的安装要求。

（2）掌握照明配电箱（盘）的安装工艺。

（3）培养学生动手操作能力。

2. 训练器材

螺钉旋具、电工刀、剥线钳、尖嘴钳、单股铜线、照明配电箱、自动开关、导轨、汇流排、压接螺钉、绝缘材料等。

3. 训练内容

照明配电箱（盘）的安装接线如图 5-12 所示。

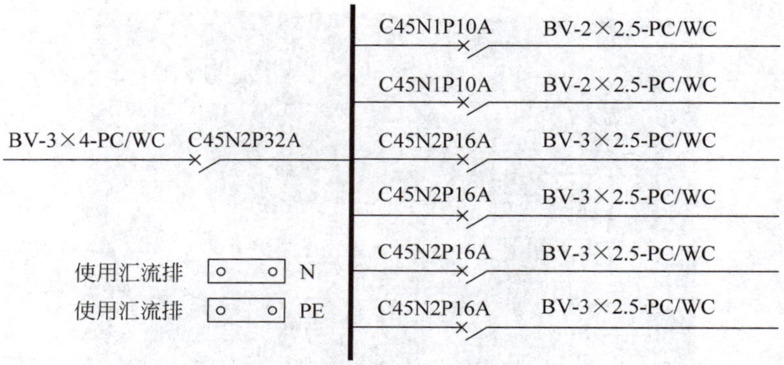

```
                                              C45N1P10A   BV-2×2.5-PC/WC
                                              ─/─
                                              C45N1P10A   BV-2×2.5-PC/WC
                                              ─/─
            BV-3×4-PC/WC  C45N2P32A           C45N2P16A   BV-3×2.5-PC/WC
            ──────────────── ─/─              ─/─
                                              C45N2P16A   BV-3×2.5-PC/WC
                                              ─/─
            使用汇流排  ○ ○  N                 C45N2P16A   BV-3×2.5-PC/WC
                                              ─/─
            使用汇流排  ○ ○  PE                C45N2P16A   BV-3×2.5-PC/WC
                                              ─/─
```

图 5-12　照明配电箱(盘)的安装接线图

考核评价

任务考核评价见表 5-11。

表 5-11　任务考核评价

考核内容	评价标准	分值	自评	小组互评	教师评价
工具使用	(1) 工具使用不正确，每处扣 1 分； (2) 不能正确保养工具，扣 1 分	5			
安装导轨	(1) 导轨安装位置不正确，扣 5 分； (2) 导轨间距不正确，扣 5 分	10			
安装自动开关	(1) 开关顺序不正确，扣 5 分； (2) 开关安装方向不正确，扣 5 分	10			
配电盘配线	(1) 导线颜色及线径选用不正确，扣 5 分； (2) 零线及接地保护线连接方式不正确，扣 5 分； (3) 配线工艺不正确，每处扣 5 分	30			
管路与配电箱的连接	(1) 穿线管进入箱体预留长度不正确，扣 5 分； (2) 安装工艺不正确，扣 5 分	10			
负载线与盘面电气元件连接	(1) 负载线预留长度不正确，扣 5 分； (2) 接线走向不正确，每处扣 2 分	15			
检测	(1) 兆欧表使用不正确，每处扣 5 分； (2) 送电顺序不正确，每处扣 5 分	15			
文明生产	(1) 不服从指挥、违反安全操作规程，扣 2 分； (2) 破坏仪器设备、浪费材料，扣 5 分	5			
总　分		100			

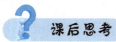

（1）简述低压配电箱的组成及其分类。
（2）低压配电系统是如何设置的？
（3）简述配电箱的送电和停电操作顺序。
（4）简述配电箱内电器元件的配置。
（5）照明配电箱由哪几部分组成？
（6）简述照明配电箱的安装要求。
（7）简述照明配电箱的安装工艺流程。
（8）说明下列低压配电箱符号的含义。
XXM1-E26　XRM10-B28　XRM5-41-26

任务5.4　照明配电装置的运行与维护检查

（1）了解照明配电装置的巡视、检查周期。
（2）了解照明配电装置的维护检查内容。
（3）掌握照明配电装置的运行要求。
（4）掌握电气火灾消防知识。

对照明配电装置进行日常巡检、定期维护和试验，是有效处理意外故障、降低运行成本、保证照明配电装置稳定和安全运行的重要保障。

一、照明配电装置的运行管理

1. 照明配电装置的运行要求

（1）对于商场、饭店、办公大楼等用电量较大且以照明用电为主的场所，应建立健全照明配电装置的技术管理资料（供电系统图、平面布线图、电气线路竣工图等），检修、检查和试验记录等。

（2）照明配电装置在运行过程中，遇有设备大修和变更、变动配电线路路径及更换导线截面等情况，均应修改相应的电气图纸及资料，并及时存档。

（3）易燃、易爆等场所的照明配电装置，应根据实际情况制定设备的巡视和检查周期（每季度不少于一次）。

（4）照明配电装置运行中，遇室内配线增加照明设备时，应验算原设计安装的导线、开关和熔断器是否满足技术规定,并记录安装日期、接用容量及施工单位、人员等详细情况。

(5) 特殊型式的配电装置、照明灯具及附件、开关和熔断器等,应有一定数量的备品备件。

(6) 照明设备(特别是节日彩灯),使用前应进行全面的绝缘检查和安装质量检查,使用后应及时将电源断开。

2. 照明配电装置的巡视、检查周期

照明配电装置应进行定期和不定期的巡视、检查。

(1) 每年二季度初,应做好雨季前的检查和检修工作;三季度初,应做好雷雨季度的检查;冬季做好防寒防冻检查。

(2) 暴风雨及大风后,应做特殊的巡视和检查工作。

(3) 特殊用电场所的检查周期应根据实际情况确定。

(4) 在天花板上安装的吸顶灯、荧光灯镇流器等发热元件,应在运行一年后进行抽查,检查是否有烤焦木托等现象,加强防火巡查。

(5) 通用照明配电装置,应每月巡视一次;重要场所应增加夜间巡视;暴风雨或冰雹后应对室内照明设备进行特殊巡视。

(6) 车间布线的裸母线、分配电箱、闸刀箱,每季度应停电清扫一次;500V 以下屋顶内的母线及铁管配线,每年应停电检查一次。

(7) 行灯变压器及手电钻、砂轮等各种手动工具使用前应进行检查,检查是否有导线绝缘破损的现象,如有应立即包扎或换线。

二、照明配电装置的维护检查

1. 照明配电箱(盘)的维护检查

为区分其他供电控制盘,无论在总配电室还是在车间,都应单独设置照明配电盘(箱)并定期维护检查,以方便对照明电路的操作和控制。照明配电箱(盘)上装有控制开关、刀闸、瓷插式熔断器、照明电能表及附件和指示灯等电器元件。其中,总控制设备的选用取决于照明容量的大小,照明容量大时选用空气开关或铁壳开关;容量小或作为分支线路的控制设备时,选用胶盖闸刀;远方控制时选用交流接触器。照明电路的保护设备应根据容量大小选用热继电器、熔断器等电器元件。

照明配电箱(盘)上的总闸、分闸和保险丝等元件应有序排列;各路指示仪表的装设应与控制设备对应,不能相互交叉且每路均应标示负荷地点的名称;控制电路的外观应完整、清洁,导电部位的闸口、触片和接点应连接紧密,负荷电流应在额定值内。

照明配电箱(盘)的巡视通道应畅通,配电箱内应预先准备适量的备品熔管和熔体,以方便及时恢复供电。照明配电箱(盘)的维护检查应严格遵守电气安全工作规程的规定,避免发生人身和设备事故,具体内容如下。

(1) 导电部分的各接点是否有过热或弧光灼伤现象。

(2) 各仪表及指示灯是否完整,提示是否正确。

(3) 胶盖闸刀及瓷插式熔断器的外绝缘有无短缺或破损现象,内部如有因熔体熔断形成的积炭应及时清理、擦掉。

(4) 熔断器内熔体的容量是否与负荷电流相适应。一般照明电路的熔体容量应不超过负荷电流的1.5倍,并应与导线截面校核,禁止用其他金属丝来替代熔体。

(5) 配电箱箱门是否有破损,户外照明配电箱有无漏雨和进水现象。

(6) 铁制照明配电箱的外皮是否可靠接地。

(7) 备品备件的数量和规格是否符合运行管理要求。

2. 照明电路的维护检查

1) 照明电路的检查

照明电路安装完毕或检修后,应经过如下检查才能接通电源。

(1) 用高阻表检查电路的绝缘性能。

首先卸下电路中所有的用电器;然后放平表身,掀起表盖,接上两根装有测试棒的引线,并使两根测试棒互相接触、指针回到"0"点;其次用两根测试棒接触电路两个保险盒下的接线桩头,检查两线间的绝缘电阻;最后用一根测试棒接触一个保险盒的下接线桩头(另一个保险盒也要检查),另一根测试棒接触接地的物体,检查电路和建筑物之间的绝缘电阻。通常情况下,装有分路的每条电路的绝缘电阻应不低于0.5MΩ,否则视为绝缘不良,可能出现通电后漏电的现象。

(2) 电路安全技术的检查。

照明电路安全技术的检查包括检查电线连接处的绝缘带包扎得好不好、有无漏包;多线平行的干线分接支路有没有接错,应套瓷管的地方有没有漏套;瓷夹、木槽板等电线支持物有没有漏装、是否装好;电线(特别是铝芯电线)的线头和电气装置的接线桩是否接好;电气装置的盖子有没有盖上;电度表的接线有没有接好、是否接错。

2) 照明电路的接电

全新的电路应由供电单位指派专人承接;用户自行内部扩大的电路(把新装的支路连接到原有的电路上),可由用户接电。接电时应注意以下几点。

(1) 扩充支路的负载应在电度表容量范围内。

(2) 接电前,应断开原有电路的总开关,拔下所有保险的插盖,使所有的电路都脱离电源。

(3) 进行接电。负载较大、装有分表或原电路已装20盏灯的,应自成一个分支电路,需另装两个分路保险盒,把它们的两个上线接线桩头相应地接到总开关的两个下线接线桩头上;负载不大或因其他原因需要在保险盒下接线桩头上接线时,应把支路的相线头与原有电路相线线头绞合在一起,然后接在另一个保险盒的下接线桩头上;只有一两盏灯(负载较小)时,应采用单线操作把支路直接接到原有的电路上,即先剖削一根干线的绝缘层,把一个支路线头接上去,包好绝缘带再用同样的方法接另一个线头。

3) 照明电路的校验

照明电路接电完毕并经校验后,才能合上总开关使用。校验电路前,应正确放置熔丝,即先拔下熔断器的插盖、放松盖上接线桩头的螺钉;然后把熔丝的一端按顺时针方向绕在一个螺钉上,旋紧;再把熔丝顺槽放置(注意,槽两边的熔丝应凹下,避免插入时被盒身的凸脊切断);最后把它的另一端也按顺时针方向绕在另一个螺钉上旋紧。

3. 照明装置的维护检查

照明装置的维护检查内容如下。

(1) 照明灯具上的灯泡容量是否超过额定容量,100W以上的灯具的灯口应使用瓷质灯口。

(2) 照明灯具的开关是否断相线、螺口灯相线和零线接法是否正确。

(3) 灯具各部件有松动、脱落和损坏时,应及时修复或更新。

(4) 局部照明用降压变压器一次侧引线的绝缘有无损坏,有时应及时修好或更换绝缘良好的引线。

(5) 照明设备的保护熔丝有无烧损、熔断,接触是否良好,选用的熔丝的额定电流应不超过照明设备额定电流的1.5倍。

(6) 照明设备的金属外壳、构架、金属管、座等部分的接地线是否良好,有无漏接、虚接及断线现象,发现问题应及时检修。

(7) 照明灯具的灯泡、灯管及灯口等附件是否损坏。

(8) 插座有无烧伤现象,接地线的位置是否正确,接触是否良好。

(9) 室外照明灯具有无单独熔丝保护、开关控制箱是否漏雨,灯具的泄水孔是否畅通,灯具内杂物是否已清除。

(10) 露天场所的照明灯具、灯口和开关是否采用瓷质防水灯口和开关。

三、电气火灾消防知识

因电气原因引发的火灾和爆炸,是最具危险性的灾难事故。

1. 发生电气火灾的原因

(1) 过载。过载是指电气设备或导线的功率和电流超过其额定值。设备和线路选型不当(设备的额定容量小于实际过载容量,线路的负载电流量超过导线的安全载流量)及随意乱接导线和设备导致的负载增加,都会造成过载运行。

(2) 短路。电气设备和导线的绝缘损坏;电气设备和导线超过使用寿命,绝缘老化变脆;电气设备和导线的绝缘击穿;操作失误;设备安装不合格等都是引发短路的因素。短路电流值常是正常电流的几十倍甚至上百倍,产生的热量可使绝缘层燃烧,导致附近的可燃物燃烧,造成火灾。

(3) 接触不良。导线、电缆连接处的接头连接不牢固、电气接头有氧化膜或污损、被腐蚀,可造成接触电阻过大,导致接触点处过热,造成火灾。

(4) 电火花和电弧。电气开关接通或切断电路、电气设备触点的分合、熔断器的熔丝熔断等产生的电弧和电火花,温度可达数千度,易导致附近的可燃物燃烧,造成火灾。

(5) 电器使用不当。电炉、电加热器、电熨斗、照明灯具等电热器具,未按要求使用或用后未切断电源,会因过热而造成火灾。

(6) 通风散热不良。大功率的电气设备使用时,通风散热设施损坏,可导致火灾。

(7) 雷击。建筑物、构筑物等遭遇雷击放电时,产生的火花及高温,可引起火灾或爆炸。

2. 电气火灾的预防

(1) 正确选用保护装置。

(2) 正确选择和安装电气设备。电气设备的安装应远离易燃易爆物,并做必要的防火距离和阻燃设施。易燃易爆场所应使用专用的防爆电气设备。

(3) 正确使用电气设备。加强设备的日常维护和保养,使电气设备和线路保护有良好的工作状态。

3. 电气火灾的紧急处理

发生电气火灾时,应先切断电源,防止事故扩大、火热蔓延或发生触电事故,同时报火警。不能用水或灭火器扑救电气火灾,应使用干粉灭火器、二氧化碳灭火器等灭火,也可使用干燥的沙子。常用电气灭火器的主要性能见表5-12。

表5-12 常用电气灭火器的主要性能

项 目	种 类			
	二氧化碳	四氯化碳	干 粉	泡 沫
规格	<2kg 2~3kg 5~7kg	<2kg 2~3kg 5~8kg	8kg 50kg	10L 65~130L
药剂	液态,二氧化碳	液态,四氯化碳	钾盐、钠盐	碳酸氢钠、硫酸钠
导电性	无	无	无	无
灭火范围	电气、仪器、油类、酸类	电气设备	电气设备、石油、油漆、天然气	油类及可燃物体
不能扑救的物质	钾、钠、镁、铝等	钾、钠、镁、乙炔、二氧化碳	旋转电机火灾	忌水和带电物体
效果	距着火点3m	3kg喷30s,7m内	8kg喷14~18s,4.5m内; 50kg喷50~55s,6~8m	1L喷60s,8m内; 65L喷170s,13.5m内
使用	一只手将喇叭口对准火源,另一只手打开开关	扭动开关,喷出液体	提起圈环,喷出干粉	倒置摇动,拧开关喷药剂
保养和检查	置于方便处,注意防冻、防晒和使用期	置于方便处	置于干燥通风处,防潮防晒	置于方便处
	每月测量一次,低于原质量1/10时应充气	检查压力,注意充气	每年检查一次干粉是否结块,每半年检查一次压力	每年检查一次,泡沫发生倍数低于4倍时(即药剂的发泡率),应换药剂

知识拓展

文件名称：照明配电装置防火措施
文件类型：DOCX
文件大小：31.5KB

课后思考

(1) 简述照明配电装置的运行要求。
(2) 简述照明配电装置的巡视、检查周期。
(3) 简述照明配电箱(盘)的维护检查内容。
(4) 简述照明电路的维护检查内容。
(5) 电气火灾的主要诱因有哪些？
(6) 如何预防电气火灾？
(7) 简述扑救电气火灾常用灭火器的使用方法。

参 考 文 献

[1] 刘震,佘柏山.室内配线与照明[M].2版.北京:中国电力出版社,2015.
[2] 闫和平.常用低压电器应用手册[M].北京:机械工业出版社,2005.
[3] 王建,李伟.电工线路安装与维修[M].郑州:河南科学技术出版社,2012.
[4] 胡国文,蔡桂龙,胡乃定.现代民用建筑电气工程设计与施工[M].北京:中国电力出版社,2005.
[5] 马志广.实用电工技术[M].北京:中国电力出版社,2008.

參考文獻